別鬧了，動物大人！

Les cerveaux de la ferme

Au cœur des émotions et des perceptions animales

別鬧了，動物大人！

牛羊雞豬不只是盤中物，農場大腦比你想的更機智，鮮活呈現動物情感認知與社會行為的科普漫畫

瑟巴斯欽·莫羅（Sébastien Moro）著

萊拉·貝納比（Layla Benabid）繪

林凱雄　譯

 積木文化

導讀

這本《別鬧了，動物大人！》，讓人非常驚豔。作者瑟巴斯欽‧莫羅有系統地把農場動物的行為，以科普的方式轉化給讀者，即使我已從事動物科學教學研究超過三十年，閱讀過程中仍感到驚喜連連。

這本書的內容如同原書副標題，是在解密農場動物的情緒和知覺。作者爬梳了大量的科學研究文獻，再轉化為簡明的敘述，說明牛、山羊、綿羊、豬與雞等我們熟悉的農場動物，有哪些行為反應，以及這些行為表現背後，動物的感知是如何運作。本書非常適合一般讀者閱讀，可以增加我們對農場動物的常識；或是父母閱讀之後，可以在為孩子說故事時做為知識補充；對動物科學有興趣的中學生與大學生，亦可作為入門讀物。雖然在現今的臺灣，人們隨時親身接觸到農場動物的機會越來越少，但相信在閱讀這本書之後，讀者會受到啟發，想要進一步到身邊鄰近的農場，實地觀察這些動物。

書中提到，農場動物在受到人們馴化、成為家畜之前，都有特定的生活環境，如雞生活在叢林中、豬在森林裡、牛在草原上、綿羊在丘陵、山羊在高山。長期棲息在不同環境，使得這些動物演化出各有特色的感知能力系統。例如藏身在叢林裡的雞，聲音除了用來表達情緒，也有傳達資訊的功能。因此，有關雞聲音的研究特別多。群居的牛、羊或豬會透過尿液、體味、行為，甚至是叫聲等不同方式，傳達正／負面情緒給同伴。現今，動物臉部的辨識，也是很有趣的研究，我們可以進一步用這項指標來評估動物福祉。就像人會觀察他人的臉色，動物也不遑多讓。作者在閱讀大量研究的過程中發現，所有動物都是臉部辨識的箇中高手——除了豬之外，因為牠們的視力不太好。但也別擔心，牠們優異的嗅覺能力大大彌補了一些缺憾。

本書一開始從動物的感知談起，囊括觸覺、痛覺、視覺、聽覺、嗅覺與味覺，不同的動物如何透過這些知覺來感知這個世界。接著依序介紹動物如何思考、動物的情緒、動物如何溝通、動物如何瞭解彼此，以及動物的社會等，共六個單元。最後以動物族群如何選擇配偶傳宗接代，以及面對同伴的死亡，作為整本書的結尾。

這是一本有系統介紹農場動物認知行為的科普書籍，每個單元都有非常精采的實證研究作為驗證。當然，還有更多未知的疑問，期望透過閱讀所帶來的啟發，能有更多人共同去發掘。

陳志峰｜國立中興大學動物科學系教授兼農業暨自然資源學院副院長

目 次

動物如何感知世界

大家好！

趁你還沒開始讀這本漫畫，對裡頭令人傻眼的知識還一無所知，好好珍惜這一刻吧。

好了嗎？

享受完了嗎？

太好了，我們開始吧！

我們從動物怎麼感知這個世界說起吧：雞、牛、豬、綿羊、山羊……
動物有第六感嗎？光是這個問題本身，是不是就很有問題？

（是有點啦，因為科學界對於什麼叫「五感」也毫無共識。所謂五
感只是普遍的迷思，我們接下來會花不少篇幅解釋。
雖然沒有共識可言，不過人類可能有至少「七感」（聽覺、嗅覺、
觸覺、味覺、視覺、平衡覺、本體覺，總共加起來））^{2}（A+B）^{2}

（括號裡還有括號，好像在算數學，不過我寫
好玩而已啦，又不是在玩密室逃脫。）

找個舒服位子坐好，我們從**觸覺**和**痛覺**說起。

先苦後甘準沒錯。

總之這是一種說話方式，未必普遍適用。

好，廢話不多說。

牛、豬、雞、綿羊和山羊的**觸覺**跟我們很類似。

是啊！早就猜到了是不是。

動物跟我們一樣，身體接觸對牠們來說，有時很舒服（抱抱）、有時很討厭（打屁股）——也要看是跟誰抱抱、被誰打屁股啦。這對牠們的社交關係很重要。

同一群動物彼此會有很多「非攻擊性」的身體接觸。

例如牠們會互相舔舐（牛會跟好朋友舔來舔去）。

親親（母豬會跟自己的小豬拱鼻子）

除虱子（母雞會互相清理喙周圍的羽毛，這要自己來可不容易呢）

豬主要用**鼻嘴部**探索外在世界，所以這個部位特別敏感，上面滿滿都是感覺受器，其中很多是**觸覺受器**。

雞的喙也有類似的功能。

說來是很怪，不過雞喙的末稍有很多機械性受器（觸覺受器），雞可能就是靠這個對食物做挑選。有點像在該長下喙的地方長了根手指。

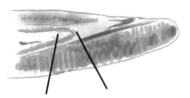

這樣比較清楚了吧？！

雞喙角蛋白的真皮和表皮放大示意圖。

不必想像那是什麼模樣啦，雖然現在說顯然太遲了。

咯 咯 咯
好笑……

剪喙是養殖業常見的作法，也就是切除喙的尖端。雞會因此喪失靠下喙與外界「接觸」的能力，即使只切除一點點（通常如此）也一樣。除此之外，剪喙絕對會害雞痛得不得了。

至於雞的痛覺，一般認為應該跟我們人類很像。

然而，雞往往不會表現出受痛的跡象，因為牠們屬於「獵物」，天生有隱藏弱點的傾向。

養殖業常見的技術有：
　無麻醉去勢
　　無麻醉剪尾
　　剪喙
　　　去角……等等。

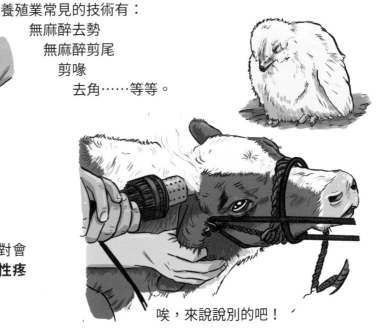

這些作法都被廣泛研究過了，絕對會造成**劇痛**，並導致動物**終身的慢性疼痛**以及**情緒和行為的顯著改變**。

唉，來說說別的吧！

13

牛看不見紅色，這是無人不知、無人不曉的常識。

你看看，我們不自覺就栽進科學理論大混戰啦！

顏色並不存在！

至少並非真正存在，那只是大腦的作用。你的眼睛有負責感光的**視錐細胞**，會對特定**波長**的光線起反應：短波（偏藍）、中波（偏綠）、長波（偏紅）。

光線的波長，以奈米（nm）為測量單位。

例如，「紅色」視錐細胞對波長約560奈米的光線最有反應，這約略是「黃色」光的波長，不過這種視錐細胞也會感應其他波長，從「綠色」到「紅色」都能感應到一點。

接著，視錐細胞會把訊號傳到大腦。這時大腦就想說：「要是只看得到奈米波長，你是要我怎麼幫你玩扭扭樂 [2]（Twister）？等等，我來弄個比較好懂的東西出來。」這下子……登登登等──顏色出現了。

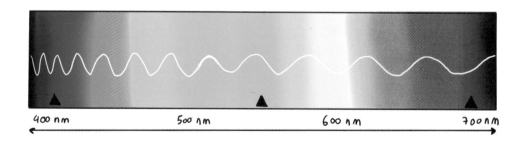

400 nm　　　　500 nm　　　　600 nm　　　　700 nm

1. 譯注：法國知名闖關遊戲節目主持人。他主持的 Intervilles 節目常有跟牛有關的考驗（參賽者要設法帶牛走完特定路線、跳圈圈等）。
2. 編注：這是一款需要運用到顏色區辨與肢體協調能力的遊戲，玩法是根據輪盤指示，將四肢擺放在正確的顏色（紅、黃、綠、藍）上。過程中若不慎跌倒則被判出局，最後留下的玩家即獲勝。

好嘛，那牛又怎麼解釋？

牛不像人類擁有三種視錐細胞（藍／綠／紅），**牠們只有二色視覺**，也就是只有**兩種視錐細胞**；一種感應短波，另一種感應中波和長波。

不管怎樣，我都在盯著你喔。

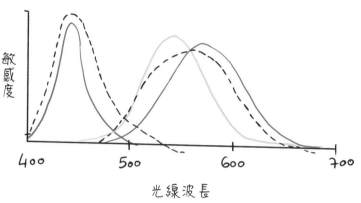

人類
牛

那牠們到底看不看得見紅色？

科學家做了多次實驗，讓牛根據實驗室的燈光顏色啟動特定機關。結果發現，牠們在打紅光時也能正常發揮。所以，**基本上牠們看得見紅色。**

看吧！

紅色真的難不倒我。

2001年有一項類似的研究，不過科學家更深入觀察不同色光會不會影響牛的行為！

這篇研究的作者指出，牛在紅光下比較活潑，在藍光下比較平靜。我們要是凝神想想，人類好像也是這樣！想像一下，你人在牙醫診間，裡面打了滿滿的紅光：「您好，請幫我張開嘴巴喔……」，這個「減輕壓力」的效果好像不太優吧。

……I Want to Play A Game.

15

1998年，學者雅各（Jacobs）與研究團隊針對牛（還有山羊和綿羊）的感光細胞做分析，發現牠們「紅色」和「藍色」視錐細胞感應的光線波長，跟人類的視錐細胞很類似。

其實幾乎所有研究都顯示，一般歸類在紅色系波長的那些光線，牛都辨別得出來。

結論：牛當然看得見紅色，而且看得可清楚了……等等，先別急！

有些人類有綠色盲，也就是缺乏「綠色」視錐。所以在只有兩種視錐細胞（藍色和紅色）的情況下，他們接收到的光波跟牛、山羊、綿羊很像。我們可能會以為，他們看得到的色彩梯度（gradient）主要落在藍色和紅色系之間，實際上卻比較接近藍色到某種黃色之間。

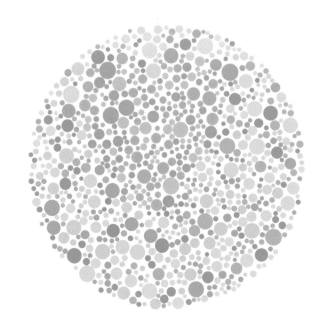

結論是，我們可以想像，在這本漫畫出場的草食動物跟色盲的人類一樣，只能看見介於藍到黃之間的色彩。欸等等⋯⋯

綠色盲在人體視覺系統是種異常，可是草食動物的這種視覺系統，是歷經幾百萬年演化來的。

還有，「三色」視覺在哺乳動物中不是常態，而是特例。

現在又要想像另一個物種的狀況啊⋯⋯

這個結論的前提是，牠們大腦解讀外來資訊的方式跟人類大腦一樣。可是我們根本無法如此確定。

「好嘛，牛到底看不看得見紅色？」這個嘛，其實我們並不知道，或許永遠都不會知道。

想想這件事就好：光是人與人之間的色彩視覺就不盡相同，

結論：這個又酷又惱人的問題，我們沒有答案⋯⋯

⋯⋯惱人好像比較多一點齁。但還是很酷。

山羊和綿羊都是二色視覺動物。

牠們也有**遠視**，也就是**看遠的地方比較清楚**（而不是有預測未來的超能力[3]）。

牠們的眼睛長了一層**會反光的「脈絡膜層」**組織，能大幅提升**夜視能力**，有點像是眼球後方的一面鏡子，又像是……夜裡的燈塔。

山羊跟綿羊有很多奇葩的地方，長方形瞳孔就是其中之一。

其實，這種形狀的瞳孔，會生成看前後方都非常清晰的水平影像，帶來**絕佳的廣角視力**，還能避免眼睛因接收太多高處射入的陽光而眩光。

對了，說到視覺，我們是不是沒講到雞？

3. 譯注：原文為「而不是他們很愛搭大眾交通運輸工具」（et non qu'il adorent les transports en commun.）。這是在拿 hypermétrope 裡的 métro（捷運）開玩笑，但中文無法完全還原，故另從「遠視」發想新哏。

「暴龍的行動無固定模式，也不甩遊樂園開放時間。絕對會出亂子。」——電影《侏羅紀公園》（Jurassic Park）

這本書提到的大部分動物，在演化關係上大致很相近。

只有雞除外。

你要是問我，我會說雞是直接從美國51區[4]走出來的東西。

發神經的中情局探員。

親愛的看這邊，會有一點點閃光喔。

絕對是。

首先請好好記住：雞是恐龍。

咯

咯

暴龍的表親來著。

真的，我沒唬爛你。

今天我們在演化支[5]就把鳥類歸於「恐龍」之下。

「對啦，就跟母雞有牙齒一樣——才怪。」

牠們以前真的有過牙齒喔。

相信我，不會有人希望牠們把牙齒長回來的。

4. 編注：位於美國內華達州，因不明飛行物聞名。
5. 編注：此為生物分類學的類別，是系統發生樹中一條完整的分支，當中包含單一的共同祖先及其所有後裔。

因為這個緣故，雞在這本漫畫是很特別的主題。

我們是當紅炸子雞！本雞在好萊塢大道留印之日不遠矣！

狗仔隊要來啦！

快，我的太陽眼鏡在哪兒？

大家又要問我怎麼養成夏季火辣身材了。

牠們的視力比我們差，對遠物的細節辨別力略遜我們一籌，而且到了晚上，簡直跟瞎子沒兩樣。

聽你在亂講！

牠們的弱點就這些啦，現在來瞧瞧牠們是什麼狠角色。

人類能分辨顏色是因為有三種視錐細胞，這些細胞主要集中在視網膜的中央窩，也是視覺成像對焦的地方。前面說過，這些視錐細胞能感應綠光、藍光或紅光。

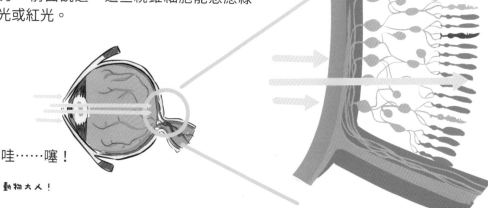

哇……噻！

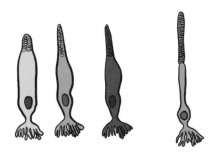
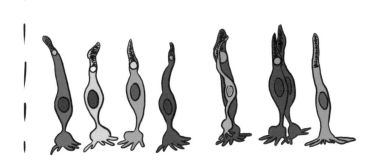

雞也有感應綠光、藍光、紅光的視錐細胞⋯⋯
而且還能感應紫外線呢，誰叫每個雞都只能活一次呢，豁出去了啦！

除此之外，雞也有雙視錐細胞，可能因此更容易偵測到周圍動向、視覺更敏銳，
肯定還跟我們不太瞭解的一堆事情脫不了關係，因為還是一樣，每隻雞都只能活
一次嘛！

雞的眼睛不像我們只有一個**中央窩**，而是有一小塊橢圓形的**中央區**，教人更不可
能搞懂牠們究竟怎麼看東西了。而且，這裡讓你看一下想像示意圖：由於視錐細
胞在視網膜上並非均勻分布，所以產生了「特定區域」。

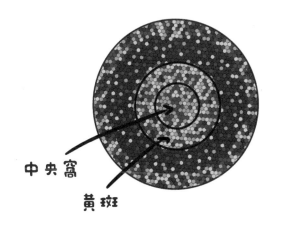

中央窩

黃斑

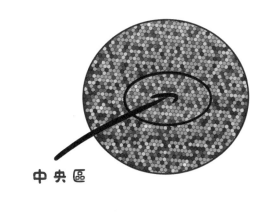
中央區

◇ 視桿細胞

◇ 紅光視錐細胞

◇ 藍光視錐細胞

◇ 綠光視錐細胞

◇ 紫外線視錐細胞

◇ 雙視錐細胞

實際上並不是真的這
麼分布，這麼畫只是
要讓你有個概念⋯⋯

話說回來，畫這
個東東還花了我
4 個小時。

21

雞的視錐細胞還有不同顏色的「**油滴**」，具有護眼的過濾功能，可以強化視覺敏銳度，減少色差。

想像一下：陽光在你滑雪時打在雪地上，害你舉目盡是白花花一片，超悲慘。

對雞來說，這完全不是問題，毫無困擾。

一陣「咻——」的聲音傳來，你差點來不及轉身，雞就在最高難度的滑雪道上九彎十八拐，從你身邊絕塵而去。

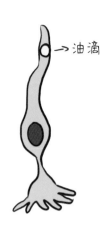

→油滴

本雞戴滑雪鏡純屬造型需求！→

牠們就這作風囉。雞生只活一次嘛。

這些雞朋友比我們更能辨別細微色差，對焦速度也快八倍。只要牠喜歡，沒有什麼不可以。

可別嫉妒哈！→

除此之外，雞似乎沒有「運動後效」（motion after effect）的困擾。

你一定在網路上看過一則影片，要你在影像不斷轉動時盯住畫面中央。等畫面靜止下來，你把視線移開，整間屋子好像都在轉動。

但雞沒這問題。

所以呢，叫我看這幹麼？

對了，雞還能感應環境磁場（地球磁場），藉此辨認周遭環境的方位，方便他們……

尋找哪裡可以用餐，

或是洗沙浴，

還有買喉糖，
諸如此類的。

實驗

把一隻小雞放進全白的箱子。

完全沒有方位參考點。

在箱子四個角落，各放一個不透明
擋板。

其中一個擋板後面藏了獎賞。

小雞的目標：
找出獎賞藏在哪裡。

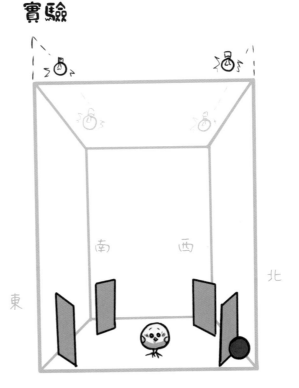

從正上方看是這樣 ➡

哇靠，也太複雜。

23

但你要是小雞的話，就安了。

只要知道獎賞藏在哪個磁場軸上，牠就知道去哪個擋板後面找啦！

如果獎品藏在北屏後面，小雞就會往北方走過去（偶爾會往南，因為在同一軸向上容易傻傻分不清）。

要是把實驗環境的磁場轉90度，小雞的方向感也會跟著改變！

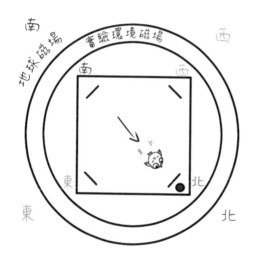

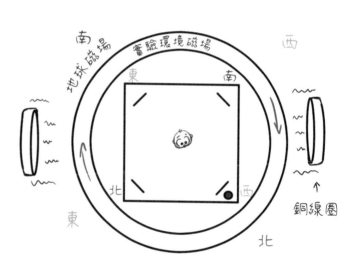

牠們會從北屏改為直奔東屏，因為這下東方成了牠的北方！

這跟視覺有啥關係？

是的，我們原本在講視覺沒錯，感謝你有在聽。

這種磁場方向感，顯然大大取決於雞感應到的光線，尤其是偏藍光。

我們發現，要是給雞照藍光，牠們就能運用磁場方向感，照紅光的話……牠們就一頭霧水囉！

也太奇葩了吧！

雞真是神秘的生物。

我要相信[6]。

6. 譯注：影集《X 檔案》哏。

「可是我們什麼也聽不見呀！」——卓別林（Charlie Chaplin）

長話短說：接下來提到的所有哺乳類動物，聽覺都很像人類，只在個體跟物種間略有差異。

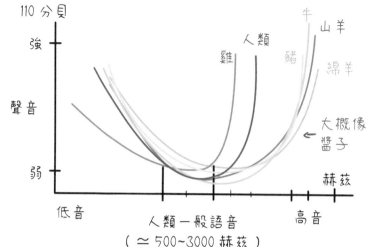

不過呢，跟我們不同之處在於，牠們或多或少都聽得見超音波。

比方說，雞聽低音比較清楚，聽高音的能力比較弱。對了，牠們還有耳垂唷。

神秘現象：牛不會發出超音波，為什麼還是聽得見超音波呢？

有個假說認為，這是因為牠們需要聽音辨位，又據說……肩峰牛（跟家牛親緣關係很近的表親）是利用這種能力來……避開吸血鬼的！

ZeBus contre les Vampires

7. 譯注：肩峰牛對決吸血鬼。

肩峰牛被引進美洲後，淪爲吸血蝠（*Desmodus rotundus*）的受害者，這種蝙蝠一旦開始吸血就會吸到飽爲止，因爲，就像吸血鬼自己說的：「上好肩峰牛，不吸嗎？[8]」

已經把十字架拿出來磨尖的人，先別緊張，吸血蝠是一種蝙蝠，就跟所有有自尊的蝙蝠一樣，牠們也能發出超音波叫聲。

1989年有人觀察到，蝙蝠一發出叫聲，肩峰牛會立馬像閃電般衝到掩蔽處躲起來。

巴西，大坎波

要是你的腦袋裡響起《城市獵人》的配樂……不客氣！

所以說，超音波聽力也能幫牛偵測到掠食者。

8. 編注：原文爲「當我喝醉時，我便不再口渴」（Quand zébu zé plus soif.）。這是在玩借音的雙關（zébu 跟 j'ai bu），中文無法完全照翻，所以另外創譯。

趣味小知識 1 (真的超沒用)

1970年代有一篇論文告訴我們，牛喜歡聽鄉村音樂勝過搖滾樂。純粹好玩講一下，說不定你哪天能派上用場，誰知道呢。

「趣味」小知識 2 (真的超驚人)

2016年，法國雷恩大學動物行為學系實驗室做了一個實驗，找來一群懷孕的母豬，刻意加以善待 (給牠們滿滿的愛跟乾淨的水、溫柔摸摸……) 或惡待 (在牠們的頭旁邊猛揮蒼蠅拍，還施加輕微電擊)。

每次母豬受試時，旁邊都有喇叭播放人類的語音：善待組和惡待組播放的語音是不一樣的。

母豬因此習得了語音跟情緒的關聯。

母豬產仔兩天後，研究人員把小豬關進陌生的空間，隔絕社交接觸。

這些隔離空間不是安靜無聲，就是會播放兩種語音的其中之一。

小豬出生後再也沒聽過這些語音喔。結果研究人員觀察到，比起無聲的環境，小豬在「善待組」的「親切」語音播放時，比較不常哀叫。

不過，播放其他親切的人類語音，也有同樣效果。

也有比較慘的狀況。

小豬在「惡待組」語音播放時，發出的哀叫比聽見「善待組」語音多很多。

看來母豬透過子宮，會把這些語音的負面「意義」傳給小豬。

不—可—思—議—R

「我是很想繼續聊，不過有個老朋友等著我去吃晚餐呢。」
——電影《沉默的羔羊》（*The Silence of the Lambs*）的漢尼拔醫師

說到嗅覺和味覺，動物也超有看頭！

關於雞，我們知道的是不多啦。雞雖然沒有太多味蕾，但還是有味覺，喜歡吃好料。嗅覺敏銳度也在合理範圍內，不是很狂的那種。

不好意思哈，天下無完（美的）雞。

有研究顯示，每隻雞各有獨特的體味（就像我們每個人腋下也各有千秋）。

我們也能訓練牠們辨識氣味，而且不難辦到。

哈哈哈，很好笑。

尤其是棲息區域和巢的氣味，牠們的反應格外敏銳。

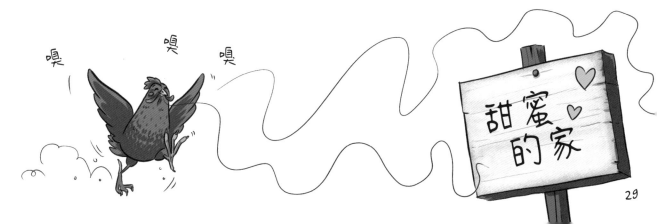

嗅　嗅　嗅

甜蜜的家

說到嗅覺超強的動物，最好來看看豬有什麼本事。

豬這輩子，幾乎做什麼都離不開鼻子。打電話除外。

你說什麼？
聽不太清楚。

不是要幫牠們膨風喔，不過豬是擁有最多嗅覺受器的哺乳動物之一。

光是純粹與嗅覺相關的基因，豬就多到不像話。

總之，豬的嗅覺之敏銳，就算最傑出的獵狗在睡夢中恐怕也會嫉妒[9]。（這是《冰與火之歌》的哏，希望你有猜到）。

呵呵，有人以為自己很幽默。

對了，如果你剛好跟哪隻豬很熟……牠們超愛吃甜的，尤其是巧克力:D（請適量攝取）。

9. 譯注：桑鐸·克里（Sandor Clegane）這個角色外號「獵犬」，而且 Sandor 用法文發音跟「睡覺」（s'endort）相同，所以作者拿這來開玩笑。

我們可沒忘了山羊、綿羊和牛。

牠們能嚐到的味道大致跟我們一樣，只是不同物種、不同個體各有偏好。

通常牠們喜歡豐富多變的食物。吃，既是為了存活，也是為了享受，而且每週只會吃三次披薩。

跟我們一樣，動物進食的體驗取決於很多互相牽連的因素：口味、氣味、進食前的身體狀態。

這是看足球的標配。

♪我不吃超油超鹹的薯條就活不下去！

我這輩子再也不吃又油又鹹的東西了。

我發誓！

如果你把綿羊很愛的食物放到牠面前（大麥或小麥準沒錯，麥子人人愛）……

牠們就會吃。

咩吱　　咩吱

太驚人了！

31

現在讓綿羊認得某種氣味，如大明星傑哈‧德巴狄厄（Gérard Depardieu）的體味，再把它跟綿羊吃了會肚子痛的東西（例如氯化鋰）連上關係。

然後，你把這種氣味噴到綿羊愛吃的東西上。

也太惡搞。

這下綿羊絕對碰都不會碰啦！

綿羊有能力把氣味（進食前的提示）跟肚子痛（進食後的提示）連結起來，並且對發出相同氣味的所有食物依此類推！

噁－－－！

所以即使是牠愛吃的東西，只要那聞起來有德巴狄厄的味道，牠一定會叫人把菜端回廚房，一邊哀嚎：「人家不吃了！死－了－算－了－！」

（建議你把那部超有事的迷你影集《基度山恩仇記》找來看看，男主角……就是德巴狄厄。我當年看得超痛苦，現在沒道理不殘害別人一下。）

「山羊牽到哪裡都是山羊。」
——山羊認知專家克里斯汀‧納沃司（Christian Naworth）

山羊吃的植物種類更多，即使大多數動物理當認為不宜食用的東西，牠們也會吃。

牠們才不管三七二十一咧！

山羊基本上對很多事都表現得蠻不在乎，誰叫牠們是狠角色呢。

首先，牠們的口腔裡有些地方超硬的，管他是針還是刺，咬下去都無感。

＊其實山羊沒有上門牙。

但有時候，樹葉上難免會出現有毒的毛毛蟲。

♫ 我中了你的毒
這毒是天堂的滋味 10 ♫

有些科學家就好奇了，山羊要拿這怎麼辦呢？

10. 譯注：小甜甜布蘭妮〈Toxic〉的歌詞。

33

他們餵山羊吃兩箱草，一箱的草上有毛蟲，另一箱沒有。

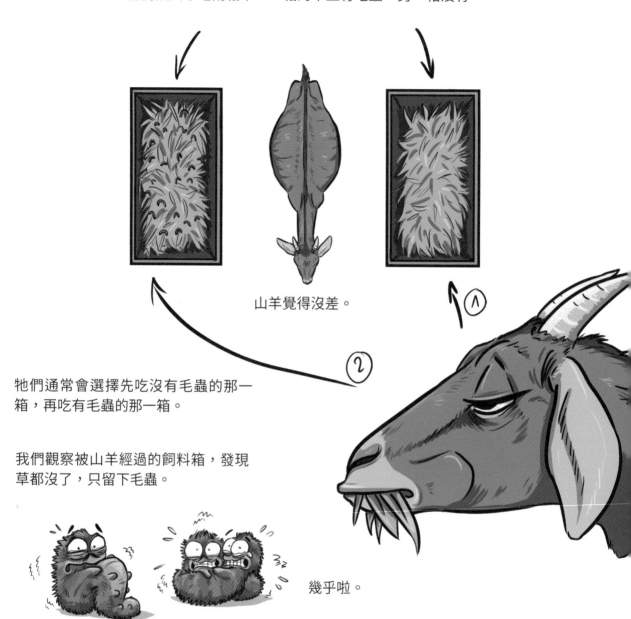

山羊覺得沒差。

牠們通常會選擇先吃沒有毛蟲的那一箱，再吃有毛蟲的那一箱。

我們觀察被山羊經過的飼料箱，發現草都沒了，只留下毛蟲。

幾乎啦。

有一隻毛蟲消失了。牠並沒有被吃掉，但科學家怎樣都找不到牠。傳說有隻蒙面毛蟲俠藏在實驗室的牆縫間、傢俱下，伺機拯救同類。

這項實驗進行到後來，換成一隻蠶神秘消失了。這是巧合嗎？我不相信。

身穿白袍的科學家密切觀察山羊的一舉一動，發現
牠們有一整套「毛蟲防治」技術。

首先，牠們會先用嘴巴把整片
葉子探一探，找找有沒有蟲。

一旦發現有蟲就猛甩葉子，
把不速之客甩掉。

要是蟲緊巴住葉子不放，山羊就
會把葉子吐掉，改啃另一片。

若不小心把毛蟲吃進嘴裡，山羊很快
就會察覺，並用不輸「人體大砲」的動
作把蟲噴掉。

出於好玩（？！），科學家故意把毛蟲緊緊勾在草葉上，怎樣都甩不掉。

山羊也無所謂，牠們會一直嚼葉子嚼到嘴巴碰到毛蟲，把有蟲的那一段吐
掉，繼續找別的草來吃。

毛蟲在這裡並不是完全無能為力。有些毛蟲能感覺到有隻肥大的草食動物
正在對自己呵氣，於是趕緊捲成一團，掉下葉子以求活命！

總而言之，山羊可厲害了。

啊，綿羊悄悄對我說，牠們其實更厲害，不過牠們想另闢專章。所以我們
往第二章邁進吧！

動物如何思考

「世上植物百百種，唯有甘必不離蔗。」

這句馬達加斯加諺語，是我偶然在網路上看到的，
不過我完全看不懂。但或許是很瞎的翻譯毀了這句話。

綿羊有能力根據「種」來
分類植物。

我們是怎麼知道的？

順著箭頭讀下去吧。

嘭！
別抓狂，我們從簡單的說起。

實驗第一階段

我們讓綿羊習慣吃這些植物飼料：

有些葉片割短、有些留長。

也有割短、留長兩種。

黑麥草

羊茅

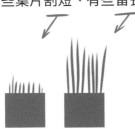

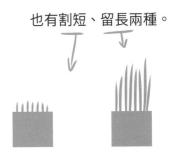

兩種植物綿羊都喜歡，吃得很開心。

實驗第二階段

科學家把氯化鋰加到長葉黑麥草上。羊吃了會暫時不適，所以變得不愛
吃了。

實驗第三階段

現在給綿羊兩種食物選擇：
（牠們已經知道吃長葉黑麥草會不舒服，拒吃這一種，所以這裡就不用長葉黑麥草了。）

長羊茅或短羊茅？

短黑麥草或長羊茅？

短黑麥草或短羊茅？

  VS

 VS

  VS

實驗結果

華爾街大恐慌！黑麥草市價崩跌：綿羊的黑麥草食用量不分葉片長短均巨幅縮減，反觀全體羊茅表現穩定，未受影響。

顯然母綿羊是根據「種」來分別黑麥草和羊茅，而不是葉片長短這類其他的指標，因為「長葉片」羊茅的食用量沒受影響！

是很酷，但還不到「哇噻！」的程度。

研究團隊又做另一個比較複雜的實驗，這邊為了節省時間簡化解釋，不然完整過程冗長迂迴，有些地方也是害人有點暈（像是整晚喝得超茫看法國電視台TF1）。

這項實驗採用兩類不同科的植物，每一科又各採兩個不同種的植物。

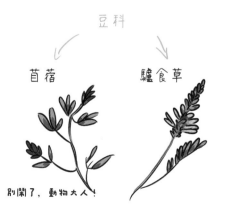

豆科

苜蓿　　　　驢食草

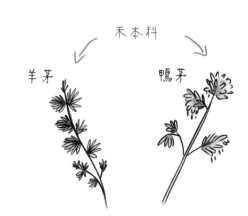

禾本科

羊茅　　　　鴨茅

實驗第一階段

餵小綿羊吃兩種植物飼料，從兩科植物各選一種。

例如，讓牠們吃豆科的驢食草和禾本科的羊茅。起初牠們兩個都愛，沒有問題。

現在，我們把氯化鋰加到驢食草上。

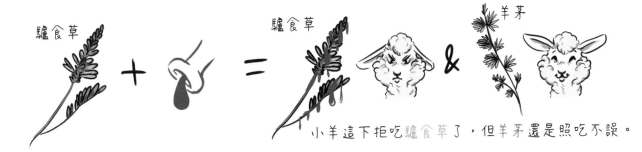

小羊這下拒吃驢食草了，但羊茅還是照吃不誤。

實驗第二階段

現在我們給小羊另兩種植物飼料，看牠們怎麼選：豆科的苜蓿或禾本科的鴨茅。

研究結果

跟討厭羊茅的那幾組小羊相比，這一組的苜蓿食用量減少很多！

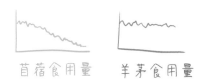

苜蓿食用量　　羊茅食用量

簡單講：如果驢食草＝噁心
那麼苜蓿＝可能也很噁心
不過羊茅跟鴨茅還是美味好選擇！

由此可見，小綿羊可說是會把植物分爲豆科或禾本科，而且至少會細分到科和種。

我想這應該值得「哇噻！」了。

接下來進入「歐買尬」等級！
這是璜・維亞巴（Juan Villalba）、費德列克・普文札（Frederick Provenza）、
萊恩・蕭（Ryan Shaw）在2006年做的實驗。
各位，安全帶繫好喔。

他們餵小綿羊吃以下三種食物，並分別加入三種藥物，導致三類不適症狀。

食物	不適症狀	解藥
大麥	胃酸過多	皂土
單寧（混合大麥和苜蓿）	消化不良、食物中毒	聚乙二醇
草酸（混合甜菜根泥、苜蓿泥和黃豆泥）	嘔吐不止、胃痛，等等	磷酸氫鈣

把小羊分為兩組。

第一組的處置順序如下：

① 解藥　② 食物　③ 不適

（所以解藥一點用也沒有，牠們總不可能知道自己被治療過。）

第二組是「正確」處置順序：

① 食物　② 不適　③ 解藥→治癒

（解藥與人工調味劑混合，味道明顯可辨──皂土：洋蔥／聚乙二醇：椰子／磷酸氫鈣：葡萄渣）

實驗目的：讓小綿羊習得哪種食物跟哪些不適症狀有關係，哪些加味解藥又跟症狀緩解有關係。

這個實驗階段過後，研究人員餵兩組小羊吃其中一種「有毒」食物，
再拿那三種解藥讓牠們選。

初步實驗結果：
只有第二組的小羊會在進
食後吃解藥。

更驚人的結果：
牠們不會無差別地亂吃藥，而會
根據特定症狀吃該吃的那一種。

過了5個月，牠們還是
記得該吃什麼藥唷！

根據這篇論文的作者，這是第一次有研究證實，動物有能力根據特定症狀
在多種藥物間做正確的選擇、自我治療。

牠們顯然也懂得攝取適量解藥，而且很有可能會把自救撇步傳授給別的綿
羊，因為母羊對食物的選擇會強烈影響小羊。

知道牠們的厲害了吧……

喔喔喔喔喔──我聽見雞在櫃子裡發出怒吼。

要是光讀綿羊那些事就嚇到流鼻血，接下來的內容恐怕更會嚇死你。

2011年，有些科學家心血來潮，決定做實驗證明剛孵化的雛雞已經略懂這個世界的物理定律。

就好像這個世界是牠們創造的一樣，如果你懂我的意思……看看那精美的金字塔，不是怪像鳥喙的嗎？

實驗時間到～～～～～～～

把小雞分成兩組

第一組
讓小雞習慣和一支窄而長
的管子在一起。

第二組
讓小雞習慣和一支短而粗
的管子在一起。

把一隻小雞關進透明壓克力箱，在地面前豎起兩片一模一樣的不
透明塑膠擋板，再當著牠的面，把牠看習慣的那種管子藏到擋板
後面。

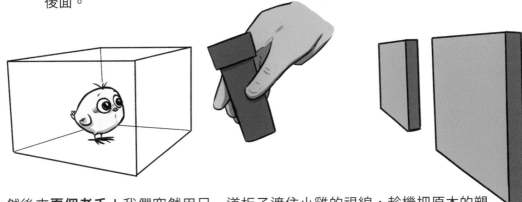

然後來**耍個老千**！我們突然用另一道板子遮住小雞的視線，趁機把原本的塑
膠擋板換成另兩片形狀差很多的擋板：有時是同樣寬度但一高一矮，有時是
同樣高度但一寬一窄。

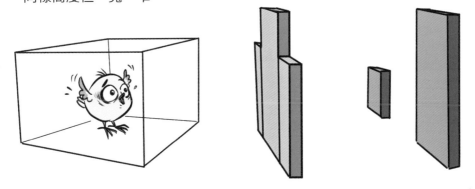

重點是，現在只有一塊擋板的大小能完全遮住小雞偏好的管子。
（順道一提，那根管子其實也從擋板後面拿走了，以免小雞循別的跡象找到它。）

實驗結果：
小雞只會跑到大小足以遮住
管子的擋板後面尋寶。

直截了當。
就像這樣。

各位，我們可以得出什麼結論呢？小雞一孵化就有「物體恆存」的概念，

也就是說，牠們知道物體即使不在眼前，依然繼續存在（其他研究也證實牠們很懂這個概念）。

可是還不只喔，牠們也能拿物體的長、寬、硬度等物理特性跟擋板比較，據此作出推論。

小雞孵化才 4 天，就懂得人類嬰兒從 14 週起才勉強有的這種概念。

輸了，人類嬰兒完全輸了。

現在開胃菜結束，我們要光速前進！

我們做很多事情都要先懂得其中的常規結構（模式）。這也是學習語言的基本機制，例如知道什麼是主詞、動詞、補語等等。

實驗時間又到了～～～～～～

2016年，義大利有學者做了跟前面很像的實驗。

他們把小雞（兩天大）放進一個三角形空間。

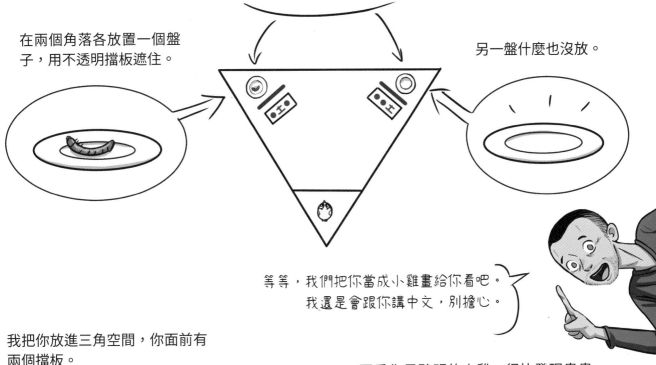

其中一盤放了小雞超愛吃的麵包蟲。

在兩個角落各放置一個盤子，用不透明擋板遮住。

另一盤什麼也沒放。

等等，我們把你當成小雞畫給你看吧。
我還是會跟你講中文，別擔心。

我把你放進三角空間，你面前有兩個擋板。

上面各自畫了以固定順序排列的幾何圖形。

因爲你是聰明的小雞，很快發現蟲蟲總是放在這種圖形順序的擋板後面。

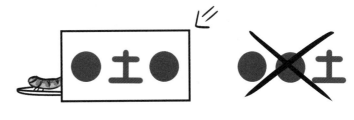

現在我把你抓起來，在你頭頂親一下，讓你就這麼待在我手裡一分鐘。等我把你放回三角空間裡，擋板上變成這些圖形：

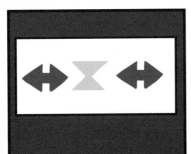

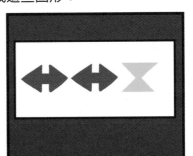

你會去哪裡找蟲吃？

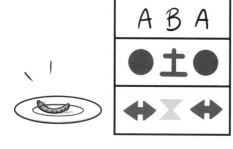

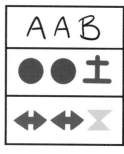

因為小雞都絕頂聰明，本實驗的受試雞全都手插口袋就找到麵包蟲。

牠們既沒有手也沒有口袋啦。

就想像一下那個高竿程度。

蛤？

對，你想的話可以把蟲吃掉啦……

大致而言，其他研究也證實，只要是有一定邏輯而非混亂顯示的序列，小雞都比較容易學會，就算只讓牠們聽音訊，或視覺／聽覺混合的訊號模式都行。

說到底，有何不可呢。

美國有些賭場還讓雞下場玩圈圈叉叉咧。人類都是牠們的手下敗將。

總之，雞的邏輯腦打遍天下無敵手。

牠們的數學腦也是。

雞的智商：5000

啊，我是不是沒告訴你？

歹勢！

來人啊，實驗可以這樣做了又做、做了又做嗎～～～～

義大利研究團隊又來了。

科學界很早就開始研究動物的算數能力。有些讓人最傻眼的研究結果是從鳥類身上得來的，準確來說是鴉科、鸚鵡（哈囉，亞力克斯[11]），還有……雞！

2007年，魯加尼（Rugani）、瑞葛林（Regolin）和瓦洛提迦拉（Vallortigara）的研究就顯示小雞有序數的概念。

如果我們把十個洞排成一列，在第四個洞放食物，這些做實驗的很快就學會該去哪裡啄食（說的是小雞不是科學家，當然科學家終究也會知道食物放在哪，不過這裡受試的是小雞啦。[12]）

即使加大洞與洞的間距、換成各種排列方式，牠們還是找得到那第四個洞。

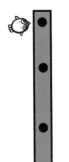

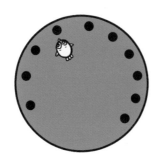

牠們顯然有把洞與洞的相對位置納入考量。

趣味小知識：

要是我們把這排洞豎立起來訓練小雞，接下來又把這排洞水平放倒，問題就來啦！

這下有兩個「第四個洞」了：左邊數來第四個，和右邊數來第四個！對我們來說，從左數到右好像比較自然，不過一般認為這純粹是受文化影響。

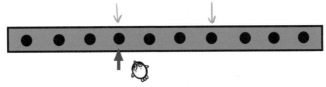

那小雞會怎麼數呢？
結果顯示，絕大多數的小雞會從左數到右。

現在我們開始注意到，不同動物（包括人類在內）的腦部，對於空間位置和數量的處理方式，其實非常相似。

想更深入瞭解，你可以查查什麼是「SNARC效應」，超有趣喔！

---

11. 譯注：Kikou Alex 是科學界有名的鸚鵡受試者，非常聰明。

12. 編注：原文中的代詞 les 在這個句子裡，可以代稱「科學家」或「小雞」。由於可能會讓人摸不清所指為何，因此作者在此開了一個意味不明的玩笑。不過，也因為中文沒有這個玩法，所以這邊稍微改寫。

時間轉進2009年。

新生小雞的算數能力

首先你要知道，如果在動物面前放兩堆數量有別的東西，大部分物種傾向往數量多的那堆走過去。

就像拿 10 塊錢或 1 萬塊錢給你選。

懂了吧。

在實驗室裡，為了方便微調各種變數和移動物品，科學家利用銘印的天性，讓小雞與無生命體產生連結。在這項研究中，科學家讓小雞和5枚紅色膠囊建立銘印關係。

當著小雞的面，我們把3枚膠囊逐個藏到其中一片擋板後面。

除此之外，雞也有所謂的「銘印」行為。意思是，小雞在孵化不久後會經歷一段重要的社交養成期，跟兄弟姐妹／媽媽／電動遊戲機建立強烈的連結。

小雞孵化後第三天，被放到兩塊不透明擋板前。

（有種似曾相識的感覺～）

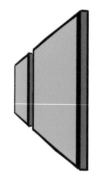

又在另一片擋板後面藏了2枚。

結果小雞往藏了3枚膠囊的擋板後面跑，完美體現
「物體恆存＋加法＋對物體數量的記憶」。

好喔，很酷。

到了實驗第二階段，研究人員把4枚膠囊藏到左側擋板、1枚膠囊藏到
右側擋板後方。
小雞被關在透明的小箱子裡，只能眼睜睜地看著科學家藏膠囊。

現在要是把小雞放出箱子，牠一定會往左邊跑。
可是我們先不釋放牠。

「等一下啦！可愛的小毛球，我們對你有更遠大的計畫呢！」科學家羅莎・魯加尼
（Rosa Rugani）頂著她的巨型人頭對小雞說。
（我相信她的頭的大小很正常，只是對小雞來說還是很大呀。）

這位研究員在釋放這個黃色小羽絨球之前，把2枚膠囊——從左擋板移到右擋板後面。

小雞每次只會看到1枚膠囊移動。

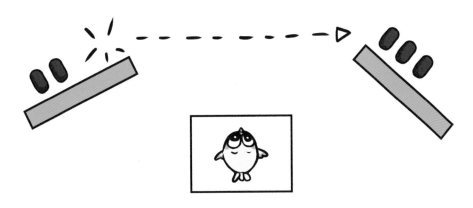

為了讓你確實瞭解這有多厲害，這邊快速總整理一下：

① 起初小雞看到左邊藏了比較多膠囊（4枚 VS 1枚）

② 接下來，牠看到1枚膠囊從左移到右。

③ 然後又看到1枚膠囊從左移到右。

如果要領會現在右邊的膠囊比較多，

小雞得要：
記得兩塊板子最初各擋住多少膠囊、懂得減法（4－1－1）和加法（1＋1＋1），還要知道這些跟移動膠囊的動作有因果關係，再推導出結論。

才三天大的小雞，怎麼可能辦得到……不……不會吧！！！

牠們辦到了。

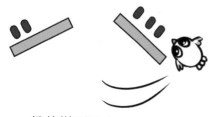

還有其他讓人更傻眼的事，能講上好幾個小時（比方說，雞似乎擁有一定程度的後設認知，也就是評估自己對某項資訊的篤定程度），不過呢，該換豬上場了！

真的辦到了！

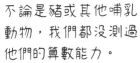

不論是豬或其他哺乳動物，我們都沒測過他們的算數能力。

畢竟大家應該不在乎這件事吧。

不過呢，參考現今的科學知識，所有脊椎動物和至少部分無脊椎動物（蜜蜂……歐買尬！），應該多少都具備處理數量資訊的能力。

更驚人的是：不同物種幾乎都有類似的侷限和偏差。

如果說雞有強大的邏輯力，豬就有強大的地圖測繪力。

你現在要討論方向感了嗎？

對啊，怎麼了？

我們可以讓羅羅亞·索隆[13] 來講這個部分嗎？

可是他方向感很差耶！

是沒錯，可是他超帥的！

好啦好啦，妳高興就好……

感恩啦！！！

我欠你一次人情！

13. 注：這是日漫《航海王》裡的人物，本書作者萊拉偷偷愛慕的對象。

豬有相當強大的空間記憶力，我們也用各式各樣的迷宮考驗過牠們。

T 形迷宮

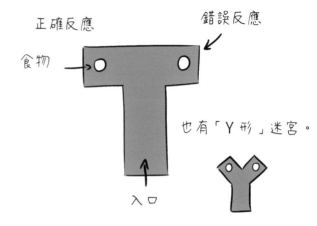

正確反應

錯誤反應

食物

入口

也有「Y形」迷宮。

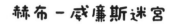

洞洞板

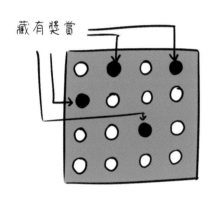

藏有獎賞

赫布－威廉斯迷宮

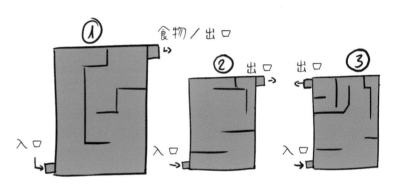

①
食物／出口
入口

②
出口
入口

③
出口
入口

其他迷宮

（例如學者簡森〔Jansen〕2009 年與他的研究團隊用的這種）

八爪迷宮

（藏有獎賞）

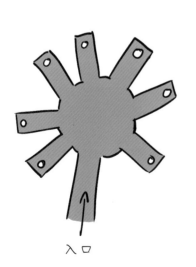

入口

莫理斯水迷宮

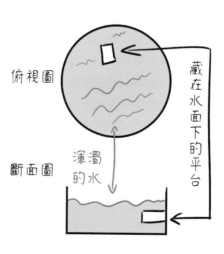

俯視圖

斷面圖

渾濁的水

藏在水面下的平台

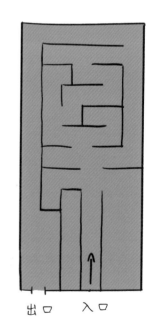

出口　入口

對豬來說，這些迷宮都是小菜一碟。

雨果在《海上勞工》（ Les Travailleurs de la Mer ）這本書用了「小菜一碟」（ C'est de la gnognotte ）[14] 這個詞喔。

不過牠們不只很會記憶路線。

呵 呵 呵

還能學會飼料的品質和放置地點、放置時間的關聯。

用白話文講，就餐廳的地點、菜單和營業時間的關聯啦。

例如：左邊飼料箱「萊昂小吃」，每兩天補貨一次，食物「還可以」。右邊飼料箱「鷹嘴豆泥天堂」，每五天補貨一次，食物「夭壽讚」。

夭壽讚！

哈 哈 哈

別理他，不如我們去喝一杯吧。

樂意奉陪。

對了，妳願意嫁給我嗎？

我願意！

14. 譯注：這是不正式的口語表達方式，趣味點就在大文豪竟也會做如此描述。

飼料箱長得像這樣。

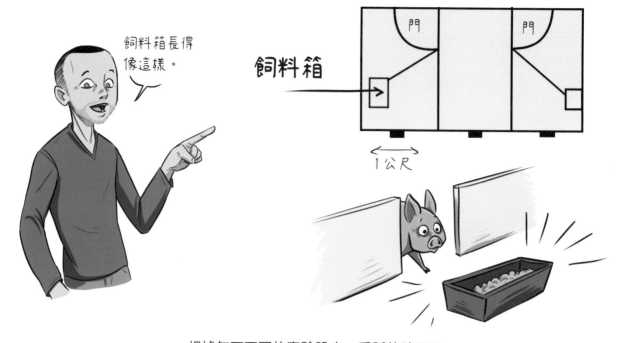

飼料箱

1公尺

根據每天不同的實驗設定，受試的豬可以……

自由選擇：先光顧一家餐廳，再去吃另一家，在一星期當中還能隨意回頭光顧，

又或者，實驗人員會在特定時段強迫豬只能選一家：一旦豬選擇吃某家餐廳，另一家的大門就會永遠關閉。

不是真的「永遠」啦，是關閉到下一場實驗為止。人家想增加一點戲劇性嘛……好啦不鬧了。

重點是，那一天豬只能單選餐廳，不能複選。

實驗結果

經過訓練，豬很明顯每隔五天會去吃「夭壽讚」飼料箱，每隔兩天會去吃「還可以」飼料箱。

這很了不起耶……

老實說，讓獼猴做類似的訓練，表現還比不上豬呢！

不然你自己測測看，我等著瞧！

很多人乍看會想：豬不是什麼鬼東西都吃的大垃圾桶嗎？

大家應該都認識幾個類似的朋友吧。

才不是呢！牠們可挑嘴了，每隻豬的口味也很不一樣。

2018年有項研究針對豬的飲食喜好做測驗，受試者是一群代表牠們廣大同胞的評審委員豬。雖然各豬口味有很大差異，最後牠們還是選出了三大最受歡迎美食：蘋果、雞肉香腸、乳酪。還有好幾票一致投給緊追在後的第四名──M&M巧克力。

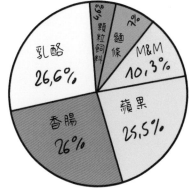

乳酪 26.6%
顆粒飼料 7.6%
麵條 7%
M&M 10.3%
蘋果 25.5%
香腸 26%

同一項研究也顯示，如果把飼料箱設計成讓豬可以馬上吃到還可以的飼料，但要稍等一下才能吃到天壽讚的飼料，那麼豬爲了吃到心愛的美食，會寧可稍候片刻，而不是草草將就普普的食物。

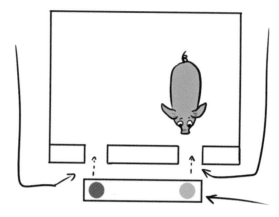

還可以
豬要是用鼻嘴部頂這裡，可以立刻吃到飼料。

天壽讚
豬要是用鼻嘴部頂這裡，要等好幾秒才吃得到飼料。

盛裝飼料的滑動拖盤。

總之，豬可是美食行家，而且……吃相也不像我們想的那麼難看。

2015年在瑞士一間動物園，有人觀察到野豬（家豬大致可說是馴化版的野豬）把沾滿沙土的蘋果叼起來，到流經圈養處的小溪邊清洗後才吃。如果是乾乾淨淨的蘋果，牠們才會直接吃掉！

豬愛乾淨的程度，可不是開玩笑的。

（既然講到動物園觀察，趁機說一下：2019年在巴黎一間動物園，有人觀察到捲毛野豬〔菲律賓原生野豬的近親〕用棒子挖地做窩。這可能是第一次有人目擊這一科的動物使用工具。）

豬驚人的空間記憶沒什麼好再證明的，我們接著來講牠們另一種更驚人的記憶：

情節記憶

我們可以把情節記憶想成一種「傳記」記憶。

這種記憶囊括了傳記該具備的各種面向：「人物、時間、地點以及當下情緒狀態」。

也是自我意識不可或缺的要素。

不過要瞭解其他動物的情緒狀態可不容易，更別提牠們「對情緒狀態的記憶」了。以人類為例，這要靠各人主觀的陳述。

我們沒辦法叫動物躺在沙發上，對牠們說：「可以說說你有什麼感覺嗎……」

所以，雖然我們想偵測人類以外的動物有沒有情節記憶，基本上只能針對「地點、事物（人）、時間」做評估。

就我所知，接下來要說的是空前絕後、唯一一個測試農場動物是否有情節記憶的實驗。雖然應該沒人在意這件事吧。

太傷感情了！

繼續做實驗～～～～～～～

（別擔心，你會習慣的）

準備兩個豬圈。

一個在地面鋪水泥，另一個鋪黑色橡膠。

這代表兩種不同情境，作爲「時間」的指標：

「當地面是水泥的時候」，或「當地面是橡膠的時候」。

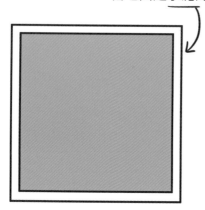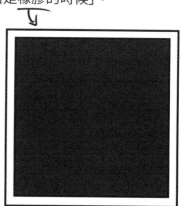

兩個豬圈都被大致劃分成四區，實驗人員會把一些東西放
在距入口較遠的兩個區域，而這些小區代表「地點」：

「左邊那一區」或「右邊那一區」。

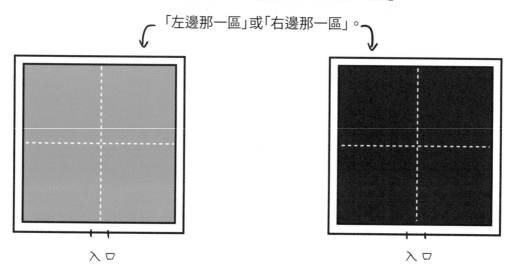

入口　　　　　　　　　　　　　　　入口

擺進豬圈的是這五種東西：

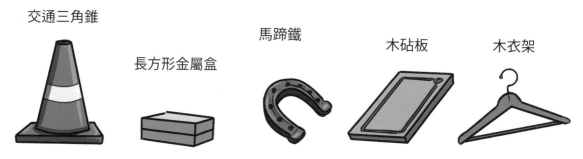

交通三角錐
長方形金屬盒
馬蹄鐵
木砧板
木衣架

這些就是「事物」。

我們會對豬展示不同情境，例如：

在水泥地豬圈，左邊放馬蹄鐵，右邊放交通三角錐。

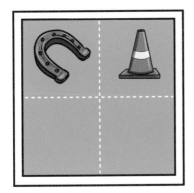

在橡膠地豬圈，左邊放交通三角錐，右邊放馬蹄鐵。

③

最後回到水泥地豬圈，兩個區域都放馬蹄鐵。

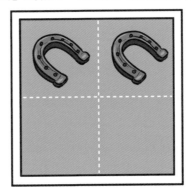

如果豬記得所有細節，應該會對右邊的馬蹄鐵顯得較感興趣，因為這是唯一的新變化！

牠已經認得水泥地豬圈的情境，看過馬蹄鐵擺在裡面的左邊角落，可是馬蹄鐵只在橡膠地豬圈才會擺在右邊角落。

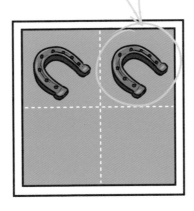

的確沒錯！豬興沖沖地把右邊的馬蹄鐵研究了一番！

這下我們知道，牠們有「時間」、「地點」和「事物」的記憶！

至於情緒狀態，大家要是記得前面關於「地點」、「時間」以及「夭壽讚」飼料的研究，就不難想像豬吃到這種獎賞應該很開心，牠也會記住這種情緒。

綜合這些研究推估豬跟人類有相似的傳記式記憶，也不無道理！

我還寫了一本書呢！

我的傳記

而且，豬可能有辦法利用鏡子找到隱藏獎賞的位置（但這裡先不多著墨，因為初次實驗的結果雖然很有說服力，2014年有人重做這個實驗卻沒得到相同結果，有點可疑，所以先存而不論囉）。

食物的鏡像

飼料

如果豬看懂了

如果豬看不懂

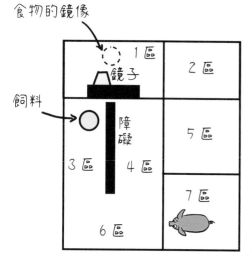

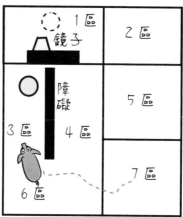

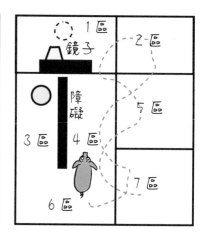

既然講到2014年的鏡像實驗，就順道一提另一項類似的研究，主角是綿羊。雖說綿羊不像是會利用鏡像找到食物的那種咖，但有研究人員觀察「威爾斯山綿羊」這個品種，發現有幾隻綿羊在照鏡子時出現很特殊的行為。論文作者看了不禁覺得，這些羊可能認得自己喔！

說到這裡，我們恰好可以把話題轉到牛身上。

「我知道出口在哪啊，不過這裡草很好吃，我又遇到一些很好的人，所以我就留下來了。」

——希臘神話的牛頭人米諾陶（Minotaure）在迷宮裡這麼說。

話說完沒多久，忒修斯（Thésée）就砍了牠的頭。

牛也能學會「夭壽讚」飼料跟特定地點有關聯。

研究人員讓牛走八爪迷宮，並且在每條走道末端都放了「還可以」的飼料。在這種迷宮裡，牛會使用「不走回頭路」的攻略：一旦進過某條走道就不再重複進去，改往下一條走道覓食。這證實了牛有絕佳的工作記憶，別的研究也驗證過這件事。

我們要是在其中兩條走道額外放置「夭壽讚」飼料，牛會隨之改變路線，加快腳步前往那兩條走道！

即使一個月過後，牠們還是記得要這麼走！

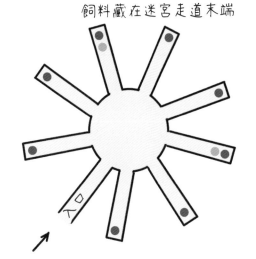

飼料藏在迷宮走道末端

因為牛確實有記憶。超—級—強—大—的記憶。

在2001年一項研究中，研究人員把塑膠盒擺成8×8（共64盒）的矩陣，在其中幾盒放了食物，讓小公牛去尋寶。

心酸啊心酸：只有4盒有食物，其他都是空的。每一回合實驗都是這樣。

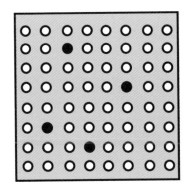

厲害的來囉，過了5天、10天、20天、48天……測驗結果幾乎一模一樣。

沒過多久，小公牛就找到正確的盒子並記住它們的位置。難不倒牠們啦。

很顯然，牛的記性可不差。

忘不了

忘不了

什麼都

記在心上

2016年又有更新的研究出爐，一群日本科學家讓牛走一系列越來越複雜的迷宮：
難度總共有四級，跟射擊電玩遊戲《毀滅戰士》（Doom）一樣。

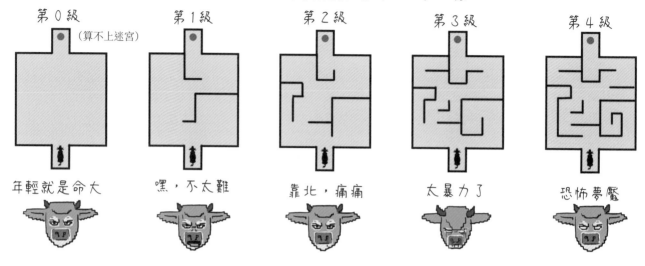

第0級（算不上迷宮）　年輕就是命大

第1級　嘿，不太難

第2級　靠北，痛痛

第3級　太暴力了

第4級　恐怖夢魇

牠們逐漸學會走這些迷宮，有20%的小公牛還通過第4級的考驗。

更叫人跌破眼鏡的是，過了6星期讓這些牛走同樣的迷宮，牠們依然輕鬆
過關，好像才剛走過一遍，一點都沒忘記。

2014年，又是日本研究（日本科學家真有迷宮癖耶），受試
的牛花了不到一天，就學會了某種視覺指標（特定的塑膠容
器）會跟「天壽讚」飼料一起出現。

一年後，即使這段時間牠們都沒看到那種容器，還是記得它
跟飼料的關係。

天壽讚

對我刮目相
看了吧？

簡單講，你要是找哪隻牛的麻煩，到了隔天，或一年後，或三十年後，你總有
一天會發現暗巷裡有一對閃閃發亮的眼睛盯著你。牛既不遺忘，也不原諒。

我會來找你，
也會找到你，
然後我會擠了你的奶[15]。

15. 譯注：電影《即刻救援》（Taken）哏。

「改從左邊攻攻看。我就是這麼贏的。他騎鶴的時候好像比較容易打敗。」
　　——電影《一級玩家》（*Player One*）恩斯特・克萊恩（Ernest Cline）

綿羊同樣超會走迷宮，也擁有神級的空間記憶。所以為了來點變化，2011年，學者珍妮佛・莫頓（Jennifer Morton）和蘿拉・阿方佐（Laura Avanzo）卯起來為綿羊設計了一套密室逃脫遊戲。

這邊先爆雷：被綿羊一整個破解。

他們先讓綿羊進入遊戲的第一間密室。裡面有兩個物品可選，但只有一個是正確的選擇。如果綿羊選對了，就能得到獎賞並進入下一間密室，否則就得原地等20秒才能進入下一關，而且不會有獎賞。

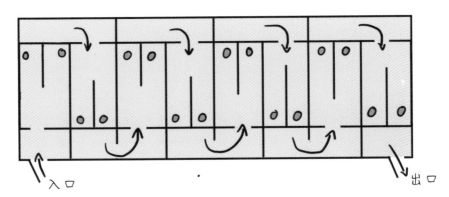

入口　　　　　　　　　　　　　　　　　　　　　　出口

隨著遊戲進展，規則會隨之改變。例如，第一間密室擺了兩個一模一樣、只有顏色不同的「黃色」和「藍色」水桶。我們假設藍色是正確選擇。到了第二間密室，為了考驗綿羊的記憶，正確選擇依然是藍色容器。下一間密室擺的容器相同，但規則變了。之前的正確選擇是藍色，但這裡變成黃色。此外也可能出現的是別的顏色，或以容器的形狀而非顏色為準，諸如此類。

結果綿羊輕鬆闖關成功，搶眼表現不輸獼猴和人類。6週後再讓這些綿羊玩同樣的遊戲，牠們一次就闖關成功。佩服佩服。

值得注意的是，綿羊在解謎時看起來很正面，顯然很喜歡玩這些逃脫遊戲……除了科學家第一次反轉藍色／黃色規則的時候。參與本遊戲的綿羊在這時表現出強烈的不爽！

啊！山羊告訴我，牠們覺得我們花太多時間講綿羊啦！

「GOATS 完全就 OP！」 [16]

所以，如果雞很會玩圈圈叉叉，山羊就是老千遊戲的大師。

對啦對啦，就是比綿羊更強，聽你在吧啦吧啦。

首先我們反扣兩個杯子，其中一個裡面藏了獎賞。到這邊都沒問題。

只不過，受試的山羊沒看到獎賞是怎麼藏的。我們讓山羊看到杯子的時候，牠們完全不知道飼料（獎賞）藏在哪裡。

讓牠們選杯子之前，我們有四種操作方式：
1. 兩個杯子都不掀開（不揭露任何資訊）
2. 把兩個杯子都掀開（完全揭露資訊）
3. 把藏有獎賞的杯子掀開（直接揭露資訊）
4. 把空杯子掀開（間接揭露資訊）

有趣的是最後一種揭露方式：如果山羊能用排除法推導，應該會想：「如果這個杯子是空的，另一個就裝了東西……因為根據山羊式定理，假設X＋Y＝1，而Y＝0，即X＋0＝1，故X＝1。得證。」（山羊熱愛把事情搞得不必要地複雜。）

實驗結果的確證實了這一點！

有些山羊只做了幾次測驗，馬上就猜得超準！

---

16. 注：「GOATS」是電玩《鬥陣特攻》一個陣型的名字，發明人是同名的電競隊伍。OP 代表「overpowered」，意思是「太過強大」，而且 GOAT 在英語裡就是山羊的意思。現在你懂這個標題的魔力了吧！

同理，如果今天在山羊面前放一隻牠的麻吉、一隻陌生的山羊，接著播放陌生山羊的叫聲，受試山羊會望向陌生的那一隻。

牠顯然在想：「這如果不是我麻吉的叫聲，那肯定是另一隻的囉。」

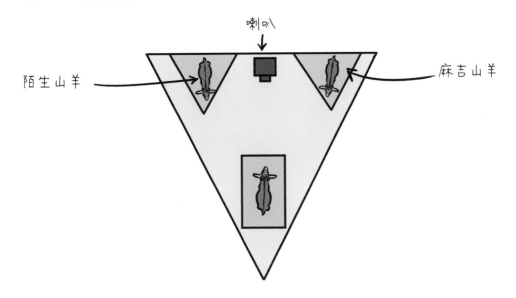

山羊是學習機器，即使有些實驗得透過繁瑣的操作才能打開某項裝置，牠們一眨眼就學會了，而且事隔將近一年之久，還是不到兩分鐘就能破解相同機關。

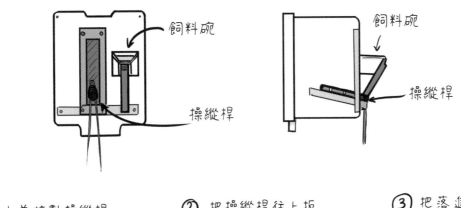

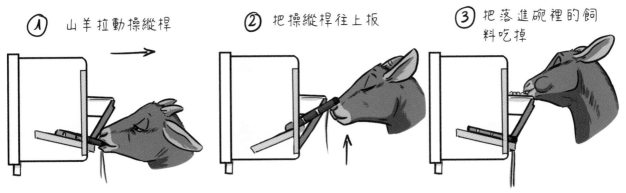

山羊就像綿羊，也能透過分類做推理。例如「中空的符號」、「實心的符號」，不論牠們之前有沒有看過那些符號。

牠們也能學會從四個圖案中選出某個特定圖案，而且總共有十套不同組合讓牠選。過了兩個月牠還是記得！

這個！是這個！太簡單了。

這個！

這個！

這個！

這個！

這個！

重點是，山羊超愛學新東西。我是說真的：牠是樂在學習的那種動物。

以下是2009年一項新研究。

實驗第一階段

我們讓小山羊學會用鼻嘴部碰按鈕，飲用水就會流出來。很好，牠們很快就學會了，想喝水就得按公共飲水機的按鈕。

實驗第二階段

接下來，我們把一台奇怪的機器放進實驗室：

這個小箱子連著一片電腦螢幕，旁邊有四個按鈕。進入箱子以後會看到螢幕亮起來，四個幾何圖形隨機排列在螢幕的四個角落。

你得透過試誤學習才能知道哪個圖形是正確答案，並按下旁邊的按鈕。按對按鈕就喝得到水，否則……還是可以繼續碰碰運氣。

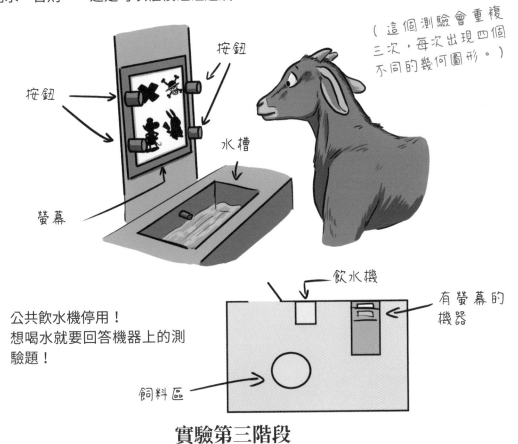

按鈕

按鈕

水槽

螢幕

（這個測驗會重複三次，每次出現四個不同的幾何圖形。）

公共飲水機停用！
想喝水就要回答機器上的測驗題！

飲水機

有螢幕的機器

飼料區

實驗第三階段

飲水機重新開放，測驗機器也繼續運作。
你要是口渴，現在可以：

- 按飲水機的按鈕；
- 解開測驗題，然後按機器上的按鈕。

這兩種選擇需要花的力氣是一樣的，按鈕就好。可是要透過測驗機喝水，得額外耗點腦力。

緊張緊張，
刺激刺激！

這下可驚人了！我們發現，即使如此，有好幾隻山羊喝水的主要方式（其實牠們幾乎只用這種方式），是利用那台電動遊戲機！尤其是前幾個實驗階段破關率比較高的那些山羊。

簡而言之，這些山羊真的
很享受解益智題的樂趣。

這就叫作「反不勞而獲」
（contrafreeloading）效
應，這本漫畫提到的動
物都有這個傾向。

很顯然，別的動物也是一樣的。

在豬、綿羊、牛身上做類似實
驗，也得到相仿結果。

人類對自身遭遇的掌控能
力，會強烈影響我們的情
緒狀態。

很多動物選擇花點
力氣滿足心願，而
不是享受現成品。

每個人都希望能主導自
己的人生。

即使這裡沒畫出來的
動物也是唷。

沒錯，接下來我們就要聊聊動物的情緒！

動物的情緒

> 「理論上來說很清楚。」
> ——根本沒聽懂你剛才解釋了什麼的人

在學術界，農場動物的情緒是熱門的研究領域。

這是應用動物行為學近幾年超夯的主題，有海量的論文發表。

賣不相瞞，想要徹底瞭解這個主題、涵蓋所有面向和細節，是很不容易的，不過我們盡力而為。

首先，我們要來為兩大理論做個重點介紹，從這裡開始延伸討論！

情緒是一種涵蓋生理和心理反應的狀態，它的作用應該是幫助我們獲得生存資源、避開威脅。

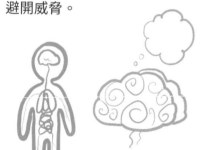

心情跟情緒可以分開來看。

大致來說，情緒為時短暫，並與特定事件相關。

心情則是比較長期的狀態，由相似的情緒累積而成，跟個體所處的情境沒有直接關聯。

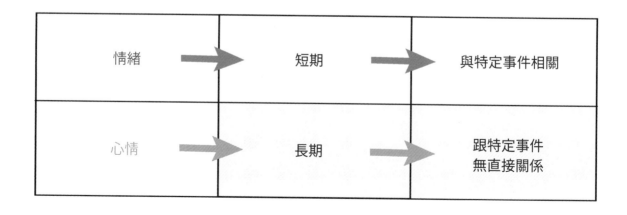

情緒	→	短期	→	與特定事件相關
心情	→	長期	→	跟特定事件無直接關係

情緒通常透過三種方式表現：

 行為（雀躍不已） 生理（怦然心動） 主觀認知
（我覺得好開心唷）

只可惜，沒唸過霍格華茲的麻瓜[17]不能與動物直接討論，無從得知牠們對自己的情緒有沒有主觀認知。不過科學家的腦袋可靈光了！

為了瞭解科學家的思維，我們來看看學者麥克．曼德（Michael Mendl）和他的研究團隊在 2010 年提出的情緒象限理論。

這個理論大致將「精確」的情感和情緒用兩個軸向畫分：一軸是「強烈程度」（「喔喔！」或「嗯嗯」），另一軸是「價性」[18]（☺或☹）

比方「喜悅」落在正向／強烈的象限；「放鬆」落在正向／和緩的象限；「焦慮」落在負向／強烈；「憂鬱」則落在負向／和緩。

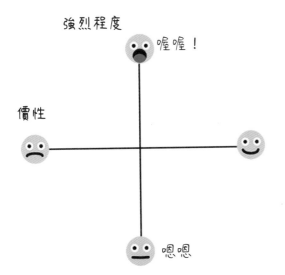

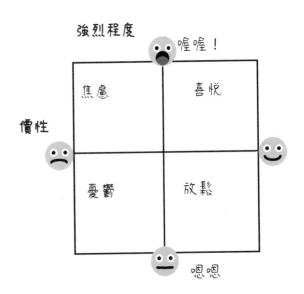

17. 編注：麻瓜（Muggle）一詞在《哈利波特》（Harry Potter）系列小說及電影中，意為毫無魔法能力、也並非出生在魔法家庭者。
18. 注：價性：面對某種物體或活動，個體受吸引或拒斥的程度。分為正向與負向兩種。

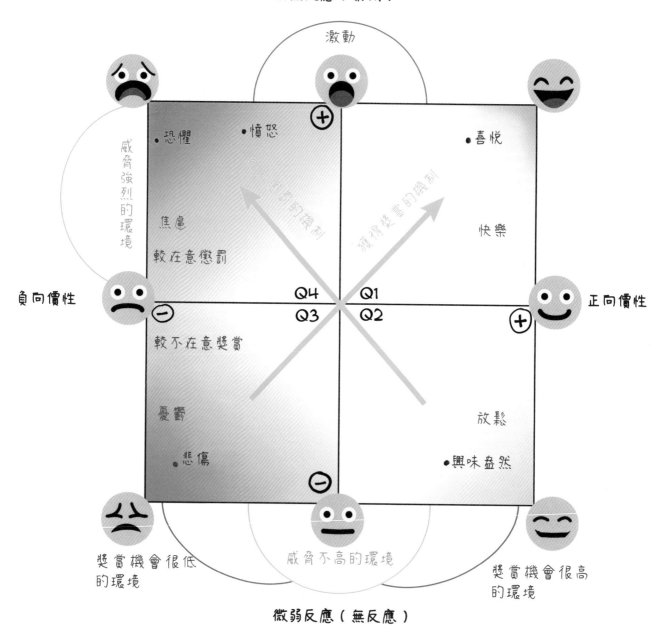

強烈反應（緊繃）

激動

恐懼　　　憤怒　　　　　　　　　　喜悦

威脅強烈的環境

焦慮

較在意懲罰

快樂

負向價性　　　　　　　Q4　Q1　　　　　　　正向價性
　　　　　　　　　　　Q3　Q2

較不在意獎賞

憂鬱　　　　　　　　　　　　　　　　放鬆

悲傷　　　　　　　　　　　　　興味盎然

獎賞機會很低
的環境

威脅不高的環境

獎賞機會很高
的環境

微弱反應（無反應）

假如一再遭遇令人沮喪的負面經驗，可
能常常落入心情「憂鬱」的象限，在那裡
停留很久，最後罹患憂鬱症。

就算接下來遇上好事，比起從心情「平
和」出發，我們得走比較久才會抵達「快
樂」象限。

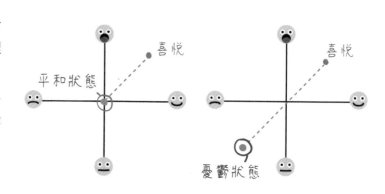

平和狀態　　　　喜悦　　　　　　　　　　喜悦

憂鬱狀態

有趣的是，焦慮和憂鬱會導致不同的反應：焦慮的動物比較在意懲罰，憂鬱的動物比較不在意獎賞。

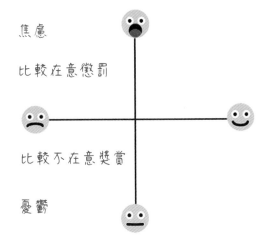

焦慮

比較在意懲罰

比較不在意獎賞

憂鬱

所以有些特定的情緒（恐懼、憤怒、喜悅等）會影響心情，心情也會反過來影響情緒。

從演化角度看來，這很有道理：

- 生存環境要是很艱困（充滿捕食者、氣候惡劣等），獲得獎賞（繁衍、進食等）的機會又很小：在一切都沒啥把握的情況下，最好別冒險，因爲一失手就什麼都沒了！

- 生存環境要是很理想，就充滿大好機會：即使不敢肯定，還是碰碰運氣吧，贏家可以全拿呢！

我們就是根據這個理論開發了「判斷偏誤」測驗。

例如：首先我們訓練動物學會：走向紅牌一律獲得獎賞，走向綠牌一律受到懲罰。

實驗第二階段，我們讓牠們待在正面環境（溫柔抱抱、吃好料）或負面環境（獨自監禁、受到粗魯對待），每次待的時間長度不一。

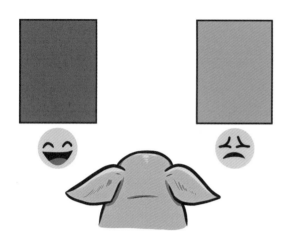

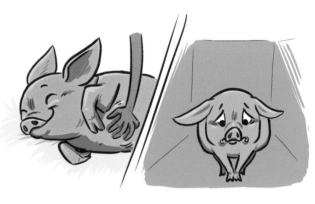

接下來，我們向這些動物展示顏色逐一由紅轉綠的五面牌子，拿牠們的反應與「中性控制組」（未受特殊對待）的動物相比較。

中間三個牌子代表不確定的情境：我們不知道選了會帶來獎賞或懲罰。

實驗目的是要瞭解「中性控制組」與別組動物相較，走向色牌的行為有沒有差別。

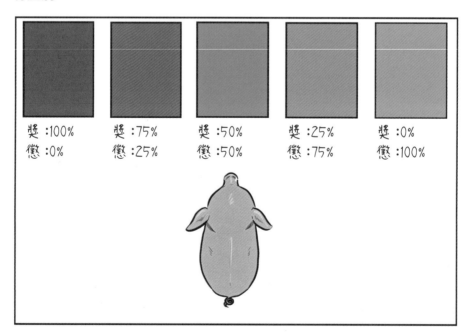

的確，我們看到曾處於「正面環境」的動物普遍發展出樂觀偏誤，會走向顏色稍微偏綠的牌子碰碰運氣，反觀曾處於「負面環境」的動物發展出悲觀偏誤，只會走向最紅的牌子。

偶爾也有令人訝異的例外：像是曾處於絕對負面情境的綿羊（例如在剪羊毛的時候被死死壓制），竟然發展出樂觀偏誤！

簡直就像走過逆境，變得比較珍惜生命呢！

總之，撇開例外不談，今天我們想評估某種經驗對動物來說是負面或正面，這是最常使用的實驗手法（有時形式會略有變化）。

不過，我們剛才說的象限理論有欠精細，也無法解釋為何有些動物處於一模一樣的情境，卻出現不同反應。

為了更深入討論，我們得動用克勞斯．施爾（Klaus Scherer）和他的研究團隊建構的「評估理論」。這一套理論是以人類認知心理學為基礎，加上一些小調整。

而且它跟……**矩陣**（matrix）[19] 有關。尼歐！

蛤？叫我幹麼？

19. 譯注：電影《駭客任務》的英文原名。

大致來說，動物會產生什麼情緒，要視牠們就事件特質進行的一連串評估結果而定（當然也視牠所處的情境而定，不過這邊暫且不提），不論牠們有沒有意識到自己在做這樣的評估。例如，人類可能會考量這些問題：

這是突發事件嗎？

之前我遇過類似的事嗎？

這可以預料嗎？

我感覺愉快嗎？

這符合我的期望嗎？

我們可以加以控制嗎？

這符合社會規範嗎？

例如，引發暴怒的事件有以下特質：突發、陌生、無法預料、很不愉快、與期望落差太大，但我很有可能加以控制（否則何必大發脾氣），至於引發絕望的事件也有類似特質，差別在於我不可能加以控制。

事件＼情緒	突發	熟悉	可預測	愉快	符合期望	可控制
暴怒	是	否	否	否	否	是
絕望	是	一點也不	否	否	一點也不	一點也不

要是我們確定動物也對這些特質有感（或對其中部分特質有感），就有可能推測牠們會展現什麼情緒了！

露西·葛沃丁格（Lucile Greiveldinger）的博士研究就是想確定這件事，伊莎貝兒·維西耶（Isabelle Veissier）和艾朗·波西（Alain Boissy）在2009年發表的論文也是，他們想在綿羊身上套用這個理論！

早先已經有研究證實，綿羊能辨別熟悉或陌生、突發或漸進、可預測或不可預測的事件。

三個標準都打勾勾。評估完成！

熟悉	突發	可預測
✓	✓	✓

但還有一些更複雜的細節有待證實，比方說……綿羊會產生期望嗎？

「來洛杉磯找我吧，跟我們家一起過耶誕節，大家熱鬧熱鬧！」

——電影《終極警探》（Die Hard）的約翰・麥克連

為了評估小綿羊能不能產生期望，科學家訓練牠們把鼻嘴部伸進某個開口就能吃到好料。

一組小羊會得到**大量**的飼料，另一組只會得到一點點。

想吃飼料，就把頭伸進這個洞

接下來，有些小羊得到的獎賞量會反轉：
之前吃到大量飼料的只得到一點點，之前只有一點點的卻得到**一大堆**！

小量組小羊看到**海量**獎賞嘩啦啦掉出來，開心死了！

反觀**大量**組小羊→小量飼料……就是另一回事了！
牠們看到只有一點點獎賞掉出來，反應是躁動不安、心跳加速，拼命用鼻嘴部頂那個洞，好像在說：「不可能，一定搞錯了！」

結論：這跟原本說好的不一樣，牠們超失望的！

這證明牠們確實產生了期望，看到結果不相符也不太高興。

跟終極警探麥克連一樣，牠們喜歡一切在自己的掌控之下……

實驗來了～～～～～～～～

科學家訓練小綿羊用某個碗進食。

很好。

只不過,有時科學家會對著碗噴氣,還會用柵欄擋住碗口,害羊吃不到東西!

超干擾噠。

有一半的小羊學會,只要把鼻嘴部伸向牆上一處,就能止住氣流、打開碗口的柵欄。另一半的小羊毫無掌控能力,既止不住氣流,也打不開柵欄。

這兩組小羊的反應有很大差別。

毫無掌控能力的小羊,生理和行為都顯現備受壓力的跡象。

另一組呢?牠們吃東西時要是被噴氣、碗口被擋住,就會轉頭啟動開關移除障礙,繼續進食。

總之大致保持平靜。

我們認為,綿羊對社會規範也有一定程度的理解。

實驗室長這樣

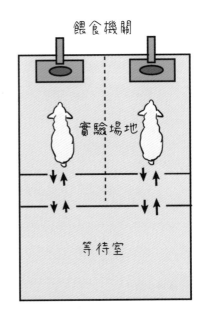

舉例來說，實驗場地出現突發驚
嚇事件（有塊板子突然掉下來）

要是有一隻社會位階比牠低的
綿羊在場，受試羊就會放心表
現受驚的樣子。

反之，要是另一隻在場綿羊的社會位階比牠高的
話，受試羊雖然有受到壓力的生理反應，行爲幾
乎看不出來！

綜觀這一切研究結果，綿羊似乎能感受到很多不同的情緒。再根據
我們之前提過的評估理論，研究團隊的結論是，綿羊的情緒至少有
恐懼、厭惡、憤怒、暴怒、厭煩、喜悅和絕望這幾種！

「神讓我們長疹子發癢，但也賜給我們指甲搔癢。」
　　　　　　　——應該是克里奧爾（Créole）諺語。

從前針對動物正面情緒的分析很少見，現在可不同了！

近年來，有些認真敬業又博愛的科學家，捨身把動物的外顯情緒指標研究個通透……

例如，如果給綿羊搔癢癢，會激發牠們什麼情緒呢？好沒意義的工作。整天跟綿羊抱抱就能賺錢，誰想幹這種活啊……你說是不是？

研究常用的情緒指標（所有情緒都能用這些指標衡量，不只是搔癢引發的情緒喔）包括以下幾種：

心律和心律變化　　　　　體溫　　　　　皮質醇[21]濃度　　　　耳朵位置

口鼻部皺縮程度　　　　尾巴動作　　　　露出多少眼白

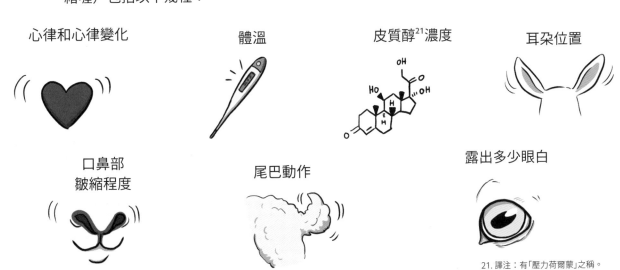

21. 譯注：有「壓力荷爾蒙」之稱。

科學家還建立了臉部表情的模型，有點像
《謊言終結者》（*Lie to me*）演的那樣（這
齣美劇的靈感來自美國學者Paul Ekman
的研究，這裡講的實驗也沿用了他的研究
成果）。

比方說，被搔癢癢的綿羊比較不會動
耳朵，全身姿勢基本上比較放鬆，

綿羊害怕的時候，耳朵
通常會向後伸，

遇有可以控制的負面情
境，耳朵會打平。

至於牠們驚訝時，耳朵
會呈現不對稱位置。

所有反芻動物的情緒，都會透過耳朵
的位置顯露出來。

更妙的是，**人類皺眉頭**跟**動物動耳朵**所用的肌肉，在演化上有相近的關係。

也就是說：我們皺眉頭、牠們皺耳朵！大概能這麼說啦～

喂！我跟你講話的時候，別給我皺耳朵！

此外我們也發現，光是根據幾種表情指標（包含耳朵的位置在內），綿羊就能從同胞的臉辨認出牠們的情緒。

快樂……

生氣……

傷心……

不爽……

快樂……

有壓力……

要是同時讓牠們看「平靜」和「有壓力」的羊臉照片，牠們全都偏好平靜的那張臉！

牠的耳朵笑得多好看呀！

不過說到這裡，來看看山羊又是如何吧。

83

「我不喜歡……你的頭……你整個頭看起來都很蠢。」
——《黑鏡》（Black Mirror）第三季第一集的蕾西

從臉部辨識情緒這回事該
從何說起呢……

哈囉
露－西－！

（我在構思這本漫畫期
間，跟主持這項研究的
學者做了不少討論。）

大姊！有看到我把妳的照片秀給
全世界看嗎？

好啦不鬧了。

露西心想：
嘿，我來讓山羊看看牠們認識的另一些山羊的照片，像這樣——

很開心

很不開心

介於兩者間的過渡情緒

這其實就是典型的判斷偏誤實驗，只是把顏色換成臉部表情。

接下來，露西拿出放大鏡，觀察山羊面對這些代表不
同情緒的臉，會產生什麼反應（例如耳朵位置的變化
等……就是一般會觀察的指標啦）。

研究結果：山羊會根據照片上的臉是「開心」或「不開心」，做出完全相應的耳朵動作。
臉部表現負面情緒的照片，也會引起牠們比較強烈的注意！

除此之外，照片中的山羊是誰，同樣影響了受試山羊的反應。

簡直就像事情還不夠複雜。

對了，順道一提：

2019年，一篇跟露西完全無關，而是路吉・巴夏東納（Luigi Baciadonna）和他的研究團隊發表的論文表示，山羊也能**從其他山羊的叫聲判斷對方的處境是好是壞**！

這下傻眼程度再升一級！

克里斯汀・納沃司和他的研究團隊也在2018年證實，山羊會主動走向面帶微笑的人類，而不是一臉不高興的人類。

實驗場地

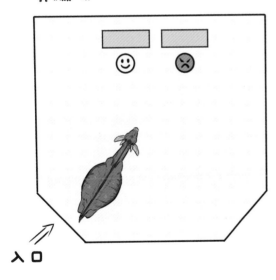

入口

所以說，山羊也懂得辨認人類臉部的情緒指標。什麼鬼。

「看著我的眼睛。」

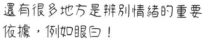

——電影《異形2》（*Aliens*）中艾朋士官長對工程師哈德森說：希臘史詩《奧德賽》，獨眼巨人波利菲莫斯也對尤利西斯這麼說。（你自己選一個吧！）

可是臉部的指標不只有耳朵而已！

還有很多地方是辨別情緒的重要依據，例如眼白！

根據觀察，牛如果露出越多眼白，代表牠們越可能處於負面情境。

牠們心情平靜時就不會露出眼白了。

除了正／負面情境，從眼白特別能看出牠們的興奮程度。

對了，你如果要給牛搔癢癢的話，記得多搔脖子。

牠們對胸部幾乎無感啦。

這也是有研究佐證的唷。

針對判斷偏誤做的實驗也證實，去角給小牛帶來的劇痛會導致悲觀偏誤，跟小牛與母牛分離導致的悲觀偏誤非常類似。

總之，雖然一種是生理、一種是心理，這兩種狀況都會引發小牛強烈的負面情緒。

話說回來，我們心裡其實多少有底吧。

母牛跟親生小牛通常非常親密，而且
這種關係在生產後很快就會形成。

母牛跟小牛相處的時間越長，分離就越痛苦
（而且光是過了幾分鐘或幾小時就有差別）。

舉體重約700公斤的嬌小母牛當例子
好了，一旦感覺有危險，母牛就會擋
在可疑威脅和小牛之間，保護小牛。

曾有一項研究想測試母牛可以
接受的安全距離是多遠。

學者是用汽車
做實驗。

如果實驗對象是重達700公斤、處於「亡命暗殺令[21]」狀態的牛媽媽，你不會想光
憑雙腳走向牠的。

21. 譯注：這裡用《亡命暗殺令》（MDK）這款遊戲，
　　比喻牛媽媽進入瘋狂的狙擊模式。

牛也會感染別人的情緒。

比方說，我們要是在實驗場
地中放兩盆牛尿，一盆來自
倍感壓力的牛，

另一盆來自沒有承受壓力的牛，

受試的牛明顯不願意接
近第一盆尿。

然而牛也會受「社交緩衝」效應的影響，這本漫畫提到的所有動物身
上都看得到這種效應：

在緊張不安的情境中，與同類相伴有安撫作用！

「我是不是該打電話通知誰？」
「打電話通知每一個人！！」
——電影《全境擴散》（*Contagion*）

豬顯然也有情緒感染力，
不論是正面或負面情緒！

蛤？

喔對。

豬的話，要搔就
搔牠的肚子。

豬感到愉快的情緒指標，一看就知道：
牠們會側身往地上一倒，坦露肚肚，舒展四肢，輕輕呼嚕呼嚕叫，
而且有 85％ 的豬會在這時閉上眼睛。

就跟我一樣。

而且牠們跟狗有點像，顯然一高興就會猛搖尾巴！

好了，可以言歸正傳了嗎？

那麼，回到情緒感染力。

豬也能透過各種方式感應同伴的正面與負面情緒，例如體味、行為，甚至是叫聲。

牠們能從叫聲的細微差異聽得出來，別的豬是預期即將受罰而尖叫，還是因正在受罰而尖叫，甚至有能分辨正在受罰的豬，之前是不是有受罰的預感！

不過，除了察覺別的豬有什麼情緒，情緒也能從豬傳給豬！

我們來看2017年的一項研究。

實驗來了～～～～～～～

一群年輕小母豬被關在一起，
對科學家背著牠們策劃的陰謀毫不知情。

突然間，一個實驗人員走進豬圈，帶走其中兩隻豬。

在那一天，這些「中選」的豬會受到以下兩種處置——

舒適：
泥巴浴、稻草窩，還有巧克力。

人間天堂

惡劣：
獨自關進狹小的籠子4分鐘＋各種不適
（無法走動、突發噪音等）

悲慘世界

哐啷

實驗人員接著把牠們帶回原先的豬圈跟同伴團聚，然後觀察
留在原地的那些小豬有何反應。

兩隻「中選」小豬如果是從惡劣情境歸來，即使有同伴在，還是有好一段時間處於備受壓力的狀態，而且……豬圈裡所有的豬都感覺得到！

其他的豬即使沒親身承受壓力，還是明顯受到負能量的影響！

跟那些經歷惡劣情境的小豬相較，兩隻小豬要是從舒適情境歸來，其他同伴的表現就活躍得多，比較常搖尾巴和玩耍（豬超愛玩的，還會有偏好的玩具呢）。我們是無法排除這個可能性啦：牠們會那麼興奮，或許是因為從舒適情境歸來的小豬，有時鼻子還沾著巧克力:D

我們也觀察到，對正面事件的期待，有時對情緒的影響會比事件本身更強烈！

好啦，豬可以說的事實在太多了，講一整天也沒問題，這本書提到的其他哺乳動物也是。可是……那雞呢？

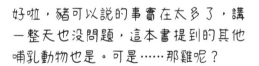

這些惹人喜愛的恐龍後代不是生性冷靜的數學／物理天才嗎？牠們的情緒又是怎麼一回事？

> 「生命永遠會找到出路。」
> ——《侏羅紀公園》的馬康姆博士

講到情緒感染力，就不能不提同理心！

一般認為同理心有兩大要素：

- 一個是情緒要素，情緒感染力就歸在這個部分——就算不知道別人的情緒和反應是出於什麼原因，我們還是能像海綿一樣吸收那些情緒和反應！

- 一個是「認知」要素——我們知道別人出現某種反應是受到什麼刺激，也會根據我們的推想加以回應。

唉呀，別哭……你知道的，《超感神探》（Mentalist）停播的時候我也很傷心。

不小心按錯，整個第三章的插圖都沒了……全部要重畫了啦。

不論是雞的情緒感染力或前面提過的「社交緩衝」效應，都有大量文獻紀錄。

所以我們不妨假設，牠們具備同理心的情緒要素。

可是，牠們也有同理心的認知要素嗎？

牠們在什麼狀況最有可能表現認知要素？

母雞

駕到

實……實……實驗～～～～～～～～～～

2013年

科學家把圈養處分成三區。

觀察區／不適區／舒適區

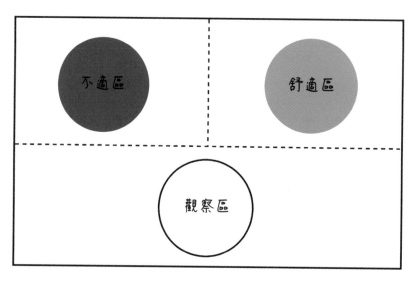

母雞會被重複放進那兩個上色的區域，並且學會——

不適區／紅色：
有風對著頭猛吹，這對雞來說
是種威脅。

舒適區／綠色：
什麼事也沒有。超平靜。

輪到小雞做實驗，也是相同的場地設定。

有些小雞跟媽媽學到同樣的教訓：紅色＝不適／綠色＝舒適。
我們把這些小雞稱爲「**相同**」組。

另一些小雞則相反：紅色＝舒適／綠色＝不適！
我們把這些小雞稱爲「**相異**」組。

下一階段：**觀察！**

1. 把母雞放進觀察區，牠們面前的有色區，籠子是空的。

實驗結果：牠們覺得無關痛癢。

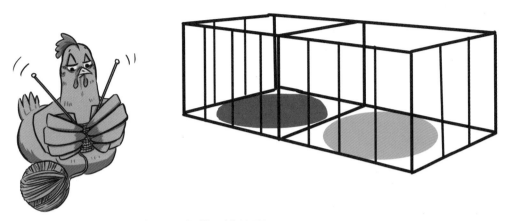

2. 把母雞放進觀察區，小雞關進綠區。

「**相同組**」的小雞也很平靜，「**相異組**」的小雞則有些不安。母雞還是心平氣和。

3. 把母雞放進觀察區，小雞關進紅區。

母雞看到小雞被關進牠覺得很危險的區域，這下「抓狂」模式啟動！母雞展現出多種壓力反應，例如體溫飆高、扯開嗓子尖叫，反應一整個超大！

而且這跟小雞屬於哪一組沒太大關係，就算「**相異組**」小雞在紅區沒出現害怕的反應（它覺得紅區很安全嘛），母雞的不安反應也僅僅略微減輕。

很顯然，母雞是把自身經驗投射到小雞所處的情境了。這不只是因為小雞的反應引發母雞的情緒，也因為母雞對那個情境有所瞭解！

母雞的不安會對小雞造成一定程度的影響，反之亦然，這也證實了牠們有情緒感染力。

所以雞兼具同理心的情感和認知要素，得證！

賓在太厲害溜～

母雞也會用叫聲呼喚小雞。對動物來說，叫聲具有相當重要的社交功能。

我們知道母雞為安撫小雞會輕聲咕咕叫，有時我們也會聽見雞在獨處時咕咕叫給自己聽。

山羊要是處於壓力之下，有時也會輕聲咩咩叫，好像在安慰自己。

咕嚕嚕嚕

咩 咩

不過叫聲除了表達情緒，也有傳達資訊的功能……
這也是我們下一章的主題：**溝通**。

動物如何溝通

「你在跟我說話嗎？」
——電影《計程車司機》（*Taxi Driver*）的主角崔維斯・比克爾

咕咕咕 咕嘰

這是……山羊叫！

啊哈，騙到你了吧！
我們就從哺乳動物說起～

我們的雞朋友晚點才會登場，因為關於雞的溝通方式，我們
有超級豐富的資料，這一章有很大篇幅都會保留給牠們唷。

順便說明一下：

我們會把重點放在**叫聲**，不過對所有的動物來說，體味和姿勢
有時也非常重要，甚至比叫聲更重要，是交換資訊最最重要的
方式。

好啦好啦，
很清楚！

其實，各個物種的叫聲溝通是怎麼演化來的，視很多因素
而定。首先，嘴巴是一定要有的。

基本上這是動物的標配啦，沒問題。

像雞這種在林地或在樹叢底下生活的動物，同伴很容易看不到彼此。

趣味小知識：家雞的野生祖先至今仍然存在，在東南亞的森林裡好好活著。就連新加坡市區內都有一些適應了都會環境的野雞族群，真是越活越高尚了！

所以要互相溝通和保持聯繫，叫聲成了很棒的方式，就算全身被樹叢遮住也沒關係。

別丟下我啊！！！

因為，發出叫聲也等於在告訴掠食者：「唷—呼—，我在這裡——」

對齁，我沒想到耶！

我也沒想到！

至於牛和綿羊，這些通常生活在平原的動物就沒那麼愛嚷嚷了。

我們懂得保持文靜。

超懂

我是覺得引發掠食者注意不是好事啦。

我們能從幾個不同的切入點分析叫聲。

- **某一種叫聲的不同變化：**
  某種叫聲隨情境不同，在長度、音高、強度等方面會有所改變。

- **不同的叫聲，但每一種都蘊含明確的意義：**
  「外星掠食者」、「麵包蟲」、「爲什麼膠水罐裡的膠水不會黏住罐子？」，諸如此類。

- **本身不具意義的小元素（音節）**，但一組合起來就**有了意義**，至於意義
  爲何，依元素排列組合的順序而定。

  "GRE"　　　　　"GRE-NOUILLE"　　　　"GRE-DiN"
  　就 GRE　　　　　　青蛙　　　　　　　　無賴

- **其他**就先打住不談，因爲已經超出本書設定範圍（本章參考資料提供一個網站連結，裡面有動物叫聲組合
  的分析研究，可以去看看，超級開腦洞的。如果你不說英語，可以看網站超有趣的插圖。如果你沒眼睛，那項研究聞起來也
  超香。如果你沒鼻子，那你可能是提利昂．蘭尼斯特[22]——酷耶！就是佛地魔——這下沒那麼酷了！如果你沒耳朵，那就
  是「無耳人」〔earless〕。無欲人〔desireless〕的表親：航行啊航行。[23]好了不說了。）

不過大家也要知道：我們對其他動物的叫聲所知不多，原因是……這超難研究的。

或許過了一陣子你會注意到，他們遇到某個情境常說一個特定的詞，例如「Bonjour Monsieur le Comte!」（中譯：您好，伯爵先生）。

假設你來到一個國家，那裡的語言和文化都跟你的出生地南轅北轍。你選個角落坐下，想搞懂其他人在講什麼。

可是又過了一會兒，你發現這個詞的意思會隨對話脈絡改變：「Je viens de faire les comptes de Monsieur le Comte et c'est tout un conte!」[24]（中譯：我剛剛幫伯爵先生算了他的帳目，真是太多秘辛啦！）

馬上害你一頭霧水了。

22. 譯注：《冰與火之歌》裡面的角色。
23. 譯注：Desireless 是法國知名歌手，Voyage Voyage 是她的暢銷歌曲。
24. 譯注：這句話裡，comptes、Comte 和 conte 的法文發音完全一樣。

而且這還是人類的語言，使用者跟我們有同樣腦部結構、對世界有相同感知、天生就有能力運用這種有特定結構的語言！

除了溝通時的情境，姿勢和體味也可能別有含意。

不過，我們還是不無發現。

我們跟其他動物就沒有這些共通點了。

所以如果有人假裝能解讀你家的貓在想什麼，說你的貓很抱歉把杯子揮到地上，自己想想怎麼可能是真的吧。

吼嘶——

比方說，像前面說過的，動物的情緒狀態其實有跡可尋。

> 「生命不過是點綴著美好瞬間的短暫折磨。」
>
> ——王爾德（Oscar Wilde）

人類馴養的綿羊，通常比野生品種更常發出叫聲。

或許是因爲畜牧環境，讓牠們得跟更多羊一起生活，這種社會結構得靠比較複雜的溝通來維繫。

噓！
惦惦啦！

除此之外，家畜發出叫聲而被捕食的風險也比較低。

拿幾隻綿羊在不同情境（壓力、疼痛、期待好吃的要來了等等）發出的「典型」叫聲的聲譜圖來看，我們就會發現，即使人類傻傻聽起來都一樣……這些叫聲的差別可大了！

啊！——就像丹尼·波涅亞（Denis Brogniart）[25]會說的。

咩 　　　咩～　　　咩～～～　　　啊！

每隻綿羊的叫聲都明顯不同，所以牠們才能精確辨別出誰是誰（至少母羊跟小羊之間是這樣的，這也是最多人研究的主題），但除此之外，同一隻綿羊發出的「興奮」和「緊張」尖叫，聲譜圖也長得很不一樣喔！

咩～　　　　　　　　咩～～

實不相瞞，關於綿羊的口頭溝通，我沒有太多東西告訴你，因爲這方面的研究很少。所以我們直接繼續講下去吧！

25. 譯注：法國知名記者與電視節目主持人。「ah!」是他在某集節目中脫口而出的叫聲，莫名其妙變成很紅的迷因。

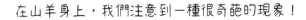

「Ej t'arconnôs ti z'aute, t'es d'min cousin.」[26]
——一段帶北方口音的法語。

在山羊身上，我們注意到一種很奇葩的現象！

從小一起長大的小山羊，似乎會逐漸發展出「趨同音訊」，也就是說，跟來自不同社會群體的山羊相比，屬於同一群體的山羊，叫聲比較相似！

這個現象在弟兄姊妹之間特別明顯！

嘿啊，我們這幫人說話就醬咩。

小山羊一出生，很快就會認得母羊的叫聲，母羊對小羊也是，所以親子走散時很容易憑叫聲找到對方。

母山羊應該會永遠記得小羊的叫聲。

2012年一項研究顯示，斷奶一年後，母羊依然能辨認牠最近一次產下的小羊的叫聲，即使小羊已經進入青春期也一樣。母羊甚至認得同伴母羊生的小羊的叫聲。

26. 譯注：意思大概是「老子認得你啊，啊你不就我們同鄉！」法國北方口音（其實各地口音都是）常被拿來開玩笑，以前有譏笑北方人老土的意思（北方農民、勞工等底層人口多），現在貶意沒那麼濃厚了。

這樣也好。想像一下，萬一你出遠門玩一趟，結果回到家的時候：

老媽，我回來啦！

你誰啊？什麼叫「我回來了」？

在此同時，鄰居的兒子悠閒地從你房間晃出來。他是兩星期前搬進來的。

母山羊會用帶有不同特徵的多種叫聲呼喚小羊，端視小羊是否待在牠身邊，

或者又跑到天涯海角撒野。

通常這是最有可能發生的狀況。

小山羊嘛，天生就愛放飛自我。

「嗓音」的差異對牛來說太重要了，這麼一來，同群的牛隻要自我介紹或互相辨認就方便得多。

* 花麗　　　** 瑪妞　　　*** 艾娃　　　**** 小華

很多人試過「破解」這些「哞」：

有時是看牠們發出叫聲的次數

有時是看每一次叫聲的音節特色

例如在1972年，學者凱利（Kiley）把牛的叫聲分成6類，由這5種音節組成：

- 「M」是閉口時發出的低沉叫聲。

- 「EN」是嘴巴張開，在口腔中強烈共鳴。

- 「EN」的發聲方式跟「EN」一樣，但比較高亢，有點像太用力吹樂器。

- 「H」有點像貓咪在打呼嚕

- 「UH」是吸氣的聲音，有點像反著發「EN」這個音。只有公牛會發出這個聲音。

凱利把這些音節組合起來描述牛的叫聲，像這樣：

MM、MEN、MENH、（M）ENH，還有**MENENH**。

公牛有額外兩種「蹺蹺板」式的叫聲：

A型：MENENH—(M)ENENH

B型：MENENH—吸氣—ENENH—吸氣

在大部分的叫聲裡，這些聲音比較像一段連續叫聲中的「節點」，而不是每隻牛獨一無二、與其他牛有別的噪音。

凱利接著根據情境為叫聲分類：
有些叫聲是為了向別的牛打招呼，有些是為了威嚇對方，或是出於恐懼等。

例如，小牛會對媽媽發出「MM」的叫聲。牛看到朋友走近也會這麼叫
（別擔心，我們很快就會講到牛的友誼了！）。

「漫畫史上最迷人的英雄」
航海冒險家科多・馬提斯
首度邀你揚帆長征

© Cong S.A., Switzerland

科多・馬提斯
CORTOMALTESE

航海冒險家科多・馬提斯系列

「科多・馬提斯」（Corto Maltese）為義大利漫畫大師雨果・帕特（Hugo Pratt）生涯最重要的系列作品，以豐富的地理、歷史與民族學，細膩的人物刻畫，以及瀟灑浪漫的壯闊氛圍，獲得全球讀者高度讚賞，魅力至今不減。本系列特別收錄：全彩設定手稿及深度專文導讀。

《鹹海敍事曲》為科多・馬提斯最初登場的故事，瀟灑帥氣的形象使得科多一躍成為1970年代歐洲最受歡迎的漫畫角色之一。《鹹海敍事曲》也成為漫畫必讀經典，以及往後許多航海冒險故事的原型。

鹹海敍事曲

作者 雨果・帕特（Hugo Pratt）
出版日期 2022.6
ISBN 978-986-459-408-5
21 X 29.7 cm／160 頁／部分彩色・精裝漫全

積木文化 X 漫繪系＝獻給所有人的圖畫饗宴

「漫繪系」想要召喚大家一起來看繪本漫畫，幫助每個人都找到屬於自己的漫繪天地。出版至今的每一本書都像是一個專題，分別呼應著積木文化長期耕耘的主要路線——生活品味、藝術時尚、人文關懷。貼近生活的題材、動人的故事與精緻成熟的圖畫風格，是「漫繪系」主要選書標準，期待更多喜愛圖像的讀者，藉這些作品走入繪本漫畫的美妙世界。

科多與帕特，在每個風吹浪打的島嶼

文／麥小燕（Sally MAK，外文圖書版權代理）

PRATT Hugo © 1992 Cong S.A., S uisse. Tous droits réservés

科多‧馬提斯，過著任人窮盡一輩子也追不上、也沒膽子去擁有的漂浪人生。他風流、重義氣、不記仇，自由自在，遨遊四海；讓女人愛恨交織、男人自愧弗如。這位於1970年代現身的漫畫英雄，與海洋為伴，歷經無數高潮迭起的冒險，故事明快有力，深度卻錯綜複雜，讓讀者深陷其中，難以自拔。在作者雨果‧帕特的設定中，科多生於1887年7月10日，馬爾他（Malta）首都瓦萊塔（il-Belt Valletta）。父親是來自英國康沃爾郡（Cornwall）的水手，母親是來自西班牙賽維亞（Seville）的吉普賽人。這構成了他四海為家的本質，在一個又一個冒險故事當中，他遊遍各大洲，經歷一次世界大戰，還有1930年代的西班牙內戰。科多的性格冷靜，品格高尚，他總是不急不躁、以柔克剛，對世俗誘惑一笑置之，十足的太極、俠義精神。

修長壯碩、穿著海軍禮服，左耳戴金色單邊耳環——鮮明帥氣的形象，還曾站上巴黎香榭大道，為Dior經典香水「曠野之心」（Eau Sauvage）代言。何以這名漫畫人物的魅力和影響力是體互处，與雨果‧帕特將自

話吵醒朋友，只因為需要找人閒聊。1927年生於義大利里米尼（Rimini），童年在威尼斯度過，十歲時，隨父母搬到伊索比亞，過了一段殖民官子女的優越生活，也在那裡嘗到初戀的滋味。當時帕特的父親隸屬墨索里尼指揮的部隊，二次世界大戰爆發後，父親遭到囚禁，母親帶他返回義大利。在這期間，十六歲的帕特曾落入德軍手裡，後來逃到美國海軍中尋得短暫工作如翻譯、分配物資等。這些戰爭經歷，以及對非洲部族文化的情感與無限興趣，日後都投射在他的作品之中。1945年，帕特開始為義大利漫畫出版社Editions Albo Uragano擔任繪師，與馬里奧‧法斯蒂內利（Mario Faustinelli）及阿爾貝托‧翁加羅（Alberto Ongaro）合作的首部漫畫受到阿根廷漫畫出版社Editorial Abril看中，隨邀三人到布宜諾斯艾利斯創作，帕特因此在阿根廷住了十三年。阿根廷是當代漫畫的重要發展地，帕特在這段日子裡打下堅實基礎，並同時在南美、太平洋島嶼和歐洲各地進行無數次旅行和探險。

正當帕特的事業蒸蒸日上，阿根廷陷入經濟危機，紙張供應缺乏，他只得回到威尼斯尋求生計，於1962開始四處奔波，盡力接下糊口工作，為兒童漫畫繪稿。直到1967年，他遇到義大利漫畫雜誌《Sgt. Kirk》（科克中士）的負責人佛羅倫佐‧伊瓦地（Florenzo Ivaldi），邀請他創作《鹹海敘事曲》。當時萬萬想不到，故事中的第二男主角科多‧馬提斯，日後會在法國大受歡迎。1960年代末，法國漫畫雜誌《Pif Gadget》邀《鹹海敘事曲》連載，科多的冒險，終於揚帆起程。

公牛的「蹺蹺板」叫聲特別有意思：

這是許多不同音節的組合，有間歇、重複
和特定的順序，有點類似公雞的叫聲。

你知道這些聲音代表什麼意思嗎？

我也不知道。

其實沒有人
知道。

啊！

（我今天剛好波涅亞上身，不要打我。）

這種叫聲在兩隻公牛互相威嚇或打鬥時最常出現。這時
候，牛群裡的其他公牛會發出這種「蹺蹺板」叫聲。

比起公牛，母牛比較不常叫，通常發出叫聲是因
為失望、興奮，或為了回應另一頭動物。

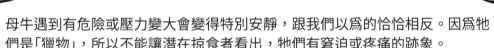

哞

哞

母牛遇到有危險或壓力變大會變得特別安靜，跟我們以為的恰恰相反。因為牠
們是「獵物」，所以不能讓潛在掠食者看出，牠們有窘迫或疼痛的跡象。

也因此你跟某頭牛聊天的時候，牠要是突然閉嘴：

立即找掩護啊！

拜託你把話說
完好不好！

「唉呀，孩子生一個或六十九個都一樣，就看你怎麼安排而已。」

——申柏格太太（Mme Scheinberg）[27]

至於豬，我們對牠們溝通方式的瞭解，跟前面提過的動物差不多：

不是很多。

凱利也研究豬怎麼聊天，發現牠們會視情境發出 **14 種**不同叫聲。

不過這邊就不細說了，因為我剛才已經拿牛的叫聲開夠多玩笑了。

嘻

嘻

好啦，最後再講一個～

27. 譯注：史上生過最多小孩的人（如果記錄無誤的話），一生生產過 27 次，膝下有 69 個孩子，並多次產下雙胞胎、三胞胎、四胞胎。

豬會發出一連串反覆而短促的「斷奏」叫聲，基本上是爲了
向別的豬打招呼，好像在對彼此這麼說：

「你好！」，「尼豪！」，「嘿！你好！」，「噢！你好！」

實際聽起來比較像這樣：

其實，豬的叫聲很難分析。近年的研究頂多把牠們的叫聲分成3／4／5大類。

最常見的分法是以下4大類：

- 窘迫的叫聲、高亢的「尖叫」或「嘶吼」。

- 低沉而短促的「齁齁」叫。

- 短促而大聲的「吠叫」。

「尖叫」和「嘶吼」主要是在負面情境發出來的聲音，「齁
齁」則在正面情境中較常出現，尤其是短促的「齁齁」聲。

豬對人類語音的抑揚頓挫
很敏感。

牠們對語音的節奏和「音高」
（低沉或高亢）變化會有反應。

研究指出，急促又有點尖銳的人聲
比較吸引牠們的注意。

希里爾‧哈努納（Cyril Hanouna）[28]
知道了一定很欣慰，這或許也解釋了
他的節目收視率為何那麼高。

話說回來，牠們基本上無法理解語調
透露的情緒。

最有趣的研究發現，或許是豬媽
媽和小豬在哺乳時發出的聲音。

不－行－！
不可以吃我
的稿子！

嚼　嚼

28. 譯注：法國廣播與電視節目主持人。

母豬一胎會生很多小豬，一旦餵奶時間到了……
小豬一定要衝上去猛吃，因為奶水分泌的時間只有10~20秒！

起　跑　線

所以時間一到，每隻小豬都得在專屬乳頭就定位（是的，牠
們會自己喬好誰吸哪個乳頭），一秒都不能遲、不能早！

所以母豬會提醒小豬，並且幫牠們就位。

首先，母豬會發出輕柔的叫聲，呼喚
小豬向乳房聚過來。

集合所需時間視小豬數量而定。

小豬越少、叫聲越長，可能是留點時
間讓動作慢的趕上。

等關鍵時刻越來越接近，豬媽媽的叫
聲也越來越急促，通知小豬別再拖
磨、該在乳頭就定位了！

家裡要是有很多小孩，媽媽做事一定
要很有條理！

母雞也會生很多小雞，但不用哺乳。這不代表牠沒有其他問題要
面對……而且是很棘手的問題。
來瞧瞧是怎麼回事吧！

113

母雞跟小雞一天到晚話講個沒完。

功課寫完了沒？

寫完了！

我可以打電動了嗎？

是沒錯，可是……
只不過……
真的沒什麼啦……

說到這裡，好像也沒什麼大不了的囉……

雞的親子溝通在小雞孵化前就開始了。

蛋裡的胚胎會聊天！

為了幫助腦部側化，小雞的右眼會長在頂住蛋殼的那個位置。

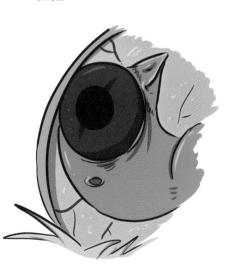

這隻眼睛一定要受光照刺激，腦部才會正常側化發展，這對小雞長大成熟後的能力有重大影響。

（我們應該都認識某個在蛋殼裡沒照夠光線的傢伙。）

可是雞蛋要是上下顛倒怎麼辦？
母雞要怎麼知道胚胎在蛋裡的位置是朝
上或朝下？

還沒孵化的小雞又不能告訴牠！

想像一下，你要是身懷六甲……

人好端端坐在家裡看電視，手握一杯香濃美味的
熱巧克力，此時你的肚子突然傳出一個聲音說：

轉台啦，我想看
《歡樂卡通時間》

嚇
死
人
。

不過母雞對於小雞孵化前就會說話已經習以為常
了，雖然第一次聽到的感覺應該還是很怪吧。

家琳，妳在跟
我說話嗎？

小雞還在蛋裡時就能發出聲音，指示母雞把蛋轉到正確的位置，或是叫母雞回巢孵蛋。

有些研究比較了胚胎發出的聲音跟母雞的反應，胚胎對母雞的叫聲又有什麼反應。

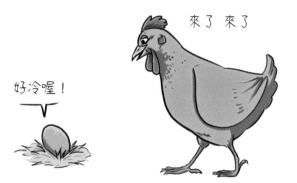

好冷喔！

來了 來了

研究結果：

母雞跟蛋**真的**會溝通，尤其在小雞即將孵化前那幾個小時。母雞的行為要是符合胚胎的期望，研究人員錄到的胚胎聲音像是在開心地啾啾叫。

我好開心

嘻 嘻

我愛你

超放鬆

尼古拉・柯力亞（Nicholas Collias）在1987年發表了一篇重要的論文，列舉出母雞24種不同的叫聲，而且這些叫聲都與特定情境相關。

雖然有些聲音很類似，要分辨非常困難，其他研究研判的種類也不太一樣，但整體來說，母雞的叫聲大致落在20~30種之間。

好，我再說一次

很多動物發出的聲音大致遵循一定的規律，人類也是。例如，低沉的聲音引人靠近，尖銳的聲音讓人想迴避。短促的聲音引人靠近，拉長的聲音讓人想迴避。輕柔的聲音引人靠近，嘈雜的聲音讓人想迴避。

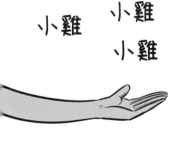

小雞 小雞
小雞

呀一

母雞會發出一種表達不悅的叫聲（英文叫「gakel-call」）。基本上聽到這個聲音，就知道牠們在抱怨啦！

但還不只如此。
2003年，科學家發現這種叫聲會激起集體抗議！

要是把好幾隻不開心的母雞放在一起，這種「不悅的叫聲」會蔓延開來，搞得整區的母雞好像一起進行「不眠夜」抗議一樣！

現在你既然知道了，就謹慎一點吧。

我們一想到雞的叫聲，腦海通常會響起可愛的「咕咕咕嘰」。原本還以為這是母雞看到我們，開心跑過來打招呼咧，

其實這是在警告別的雞：
有外星掠食者來了。

是的，要是聽到母雞對你這樣叫，意思可不是「你好哇，可愛的人類」，而是

阿娘喂，怪物來啦！！！！

附近的公雞母雞聽到這個叫聲，會立即進入警戒狀態，擺出潛望鏡姿勢，密切注意周遭的風吹草動。

（母雞剛下蛋時，也會發出一種相當類似的叫聲。）

牠們也會為天上的掠食者發出一種特定的叫聲，聽起來特別刺耳又複雜，而且這個責任全落在公雞身上。

空中防禦的任務由公雞負責。

這種示警的叫聲一旦響起，全體雞群都會衝進樹叢蹲低身子。

我們推測這種叫聲可能也會略做變化，能傳達關於空中入侵者的資訊。

這不是出於一時衝動的「自動化」警報，而是完全視情況而定。

母雞注意，外來者闖入空域！看那個喙應該不是金絲雀！

嘖，算你眼尖！

這次不用緊張。

首領公雞比較常發出示警的叫聲，要是地位居老二的公雞就在附近，首領的叫聲會拉得比較長。

畢竟牠要是能當著母雞的面，把掠食者的注意力引到與牠爭老大的公雞身上，何不順勢而為？

如果公雞已經找好掩護或離藏身處不遠，示警聲也會拉得比較長。
這時好人做到底也沒大礙。

好啦，到這裡也說得差不多了。
最後我們來聊聊牠們的食物、詐騙和貓途鷹（Trip Advisor）評論。

「大人，我向您擔保，我從沒這麼想過。」
「真的？我要是你，會告我自己這張臉誹謗不實呀。」
　　　　　　　——《碟形世界：魔法的色彩》（*The Colour of Magic*）
　　　　　　　　　泰瑞·普萊契：維提納利對靈思風說。

在雞的世界，交配是由母雞來選公雞。
牠們可不會隨便為孩子找個爸。

好對象除了要居首領地位，也要有本
事提供適當保護和食物。

有榮幸請妳吃
條蟲嗎？

所以公雞得向母雞展現「優勢」，證明自己是可靠的男子漢。

我們給他幾
顆星？

不好說，
我還在想……

公雞要是向母雞秀出不能吃的東西，
就準備打一輩子光棍吧。

嘎吱

嘎吱

厂ㄍ真刀
ㄎ以ㄅ！

你看！

119

公雞要是找到食物又想吸引母雞過來，會發出**兩種訊號**。

視覺訊號：跳「啄食舞」

公雞做出啄食的動作，但沒有真的把食物吃下去。牠不斷點頭，有時把穀粒啣起來，又讓它落回地面。

「啄食舞」的用意之一，可能是藉由甩動雞冠和肉髯（兩者都是辨識個體的重要特徵）把母雞的目光聚集到公雞臉上，教母雞記得牠。

而且這能為公雞加分，累計十分可以拿到一張照片，累積十張照片可以……唉呀，你也知道最後會怎樣嘛。

聽覺訊號：發出「食物呼叫」

這是一連串低沉而重複的叫聲，模式相當有彈性，能讓母雞瞭解食物的品質如何。「食物呼叫」能傳得很遠，增加附近的母雞循聲找到牠的機會。

吃飯了
吃飯了
吃飯了

可是公雞為什麼要發出重複的訊號？親愛的讀者，這不是多此一舉嗎！

並不是這樣的，我們剛才說過，雖然這兩種訊號都是為了明確告知食物的存在，用途卻不一樣：
一個是為了**吸引遠處母雞的注意**，
另一個是為了**讓母雞更容易認得牠**……
可能還有我們尚不清楚的其他用途。

更重要的是，公雞能藉著變化這些訊號來欺騙情敵！

2011年，卡洛琳·史密斯（Carolynn Smith）和她的研究團隊有了驚人的發現。他們蓋了一間寬敞的雞籠，在裡面裝滿攝影機，並且回收改造舊胸罩，把錄音設備戴到雞身上。

這個實驗設計叫「老大哥2.0」。

接著，研究團隊比較了所有音檔和錄影畫面，重建雞籠內的完整情境，尤其是這群雞：

一隻首領公雞、一隻從屬公雞，還有四隻母雞。

首先我們觀察到，首領公雞發現食物會呼叫母雞，此時除了地位最低的那隻母雞，另三隻母雞會一擁而上。地位最低的母雞會跟從屬公雞待在遠處。從屬公雞不能跟母雞交配，注定要當一隻無緣播種的雞雞：**首領絕不分享母雞。**

吃飯了　吃飯了

吃飯了

過了不久，首領帶著最寵愛的兩隻母雞散步去了（後者也最青睞牠）。突然間，從屬公雞發現身邊有食物。如果牠發出「食物呼叫」，首領會撲過來把牠揍得鼻青臉腫，可是牠心儀的母雞就在身邊……該如何是好？

從屬公雞偷偷左右瞄了一下，跳起「啄食舞」，但沒有發出「食物呼叫」！我們可以看到，牠的首要考量並非心儀的母雞，而是另一隻公雞！

121

那隻弱勢母雞看到有吃的，馬上撲過去，又蹲下來邀從屬公雞與牠交配。過了15秒，首領才發現自己被欺騙感情，馬上過去教訓從屬公雞一頓。不過為時已晚，人家已經嚐到甜頭啦！

公雞展示社會地位的方式之一是擺姿勢。萬一牠們不小心失態，例如以很拙的姿勢著陸，牠們會趕緊起身站好，以免別的公雞趁機攻擊。

尾巴的位置是鳥類很重要的指標。

比方說，母雞會在進食時讓公雞與牠交配，跟無意交配的母雞相較，兩者的尾巴位置就不一樣：

不想交配的母雞，尾巴通常向上翹，至於尾巴往下撇的母雞，就像人類……沒事沒事，忘了我說的話。

別碰我！　　　　　來吧！

多虧有視覺、聽覺、嗅覺等溝通方式，動物能得知彼此的很多事……甚至能瞭解不同類的物種喔！

動物如何瞭解彼此

「我們可以騙一千個人一千次。不對，我們可以一次騙一千個人，但沒辦法騙一千個人一千次。不對，我們可以一次騙一千人，但沒辦法騙一個人一千次。不對……」
——電影《恐懼之城》（*Fear City*）的艾米爾

說到耍心機，我們很難不把目光投向豬科的朋友。

學者蘇珊・浩德（Suzanne Held）和她的研究團隊，就揭露了豬陰險狡詐的一面。

豬通常組成小群體生活，成員主要是有親緣關係的豬。牠們會在覓食時分散開來、各吃各的，有點像我們進超市以後就走散了——不過豬比我們更容易找回彼此。

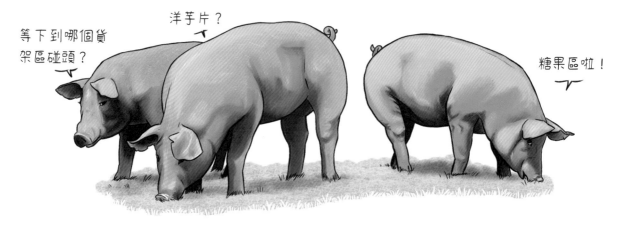

等下到哪個貨架區碰頭？

洋芋片？

糖果區啦！

動物如果不用擔心掠食者，也不必照規矩分配食物，社群地位較高的個體很快就不再自行覓食，勒索周圍的同伴變成比較划算的選擇。

本文出現人物純屬虛構，如有雷同……好了不鬧了。

浩德和她的研究團隊想知道，母豬是不是也會這樣呢？

於是他們建了一個這樣的場地：

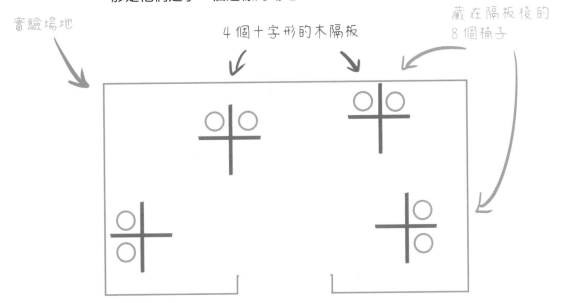

實驗場地

4個十字形的木隔板

藏在隔板後的
8個桶子

母豬只能從一個桶子能吃到食物。為了避免牠們循氣味找到正確的桶子，所以每個桶子都裝了食物，但其中**7**個的桶口都被攔網封住。

接下來我們把母豬分成兩組：「知情」與「不知情」。不知情組的母豬在豬群裡的位階，都比知情組來得高。

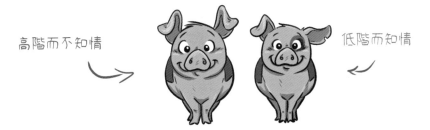

高階而不知情

低階而知情

首先我們讓知情組母豬進入實驗區，讓牠們學會並記下獎賞藏在哪個隔板後面。牠們很快就辦到了，畢竟豬有超強大的空間記憶力。

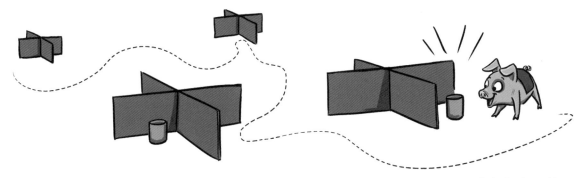

這段時間，不知情組的母豬留在自己的
豬圈打電動玩具。

接下來，一隻不知情的母豬和一隻知情的母豬，同時被放進實驗區。起初，不知情的母豬有點亂槍打鳥地到處找食物。

不過她很快發現，另一隻母豬找到東西吃了……動作比她還快！

未免太順利了吧，事情感覺不單純……

於是不知情的母豬跳進電話亭，三兩下從受害者變裝成超級大壞蛋！

這下瞞不過牠了：每次新一回合的實驗開始，不知情的高階母豬都會跟蹤知情的低階母豬，就這麼找到食物！

一旦隱藏獎賞曝光，牠就趕走倒楣的低階母豬，把獎賞占為己有！

流氓模式全開。

人生是殘酷的。不過母豬之精明
更勝人生之殘酷。

我是不知道這兩者能
不能相比較啦。

問題來了：牠們要怎麼應付該
地區猖獗的犯罪活動？

後來浩德團隊又做了另外一項研
究，重複這個實驗，這回把重點
放在知情的母豬身上。

答案：使出漂亮手段。

很快地，知情的低階母豬在高階母豬虎視眈眈下進入實驗
區，然後……開始散步。牠到處閒逛，走過獎賞桶也不逗
留，繼續往實驗區另一頭走去，左晃晃啊右晃晃……

吹口哨

等高階母豬走到別處覓食且視線被隔板擋住，牠自己又比較靠
近獎賞桶，知情的低階母豬就趕緊衝向獎賞桶大吃，高階母豬
想怒吼一聲「咕咿──」也來不及了。

讚啦

狂吞

不過這跟其他實驗一樣，也視情況而定！

只有會搶食的高階母豬在場，低階母豬才會
這麼做。

有些高階母豬比較好脾氣，會待在自己的角
落覓食，不去騷擾同伴。

在這種情況下，知情的低階母豬就會直接往
獎賞桶走去了。

「世界上沒有通靈這回事。」
──美劇《超感神探》（Mentalist）的派翠克‧簡恩

萊拉，妳還記得之前講到方向感，我讓索隆出來串場嗎？

記得，後來我們就結婚了呢！

現在換我的夢幻偶像上場了！

看這個標題，我大概知道是誰了……

OK！

開始吧！

豬有能力猜想別的豬在想什麼嗎？這是心理學說的「心智能力」。

這是一種非常高階的認知能力，跟自我意識有密切關聯。

喔嗚，他好棒啊！

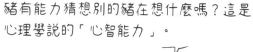

就我所知，目前我們只針對豬做過這方面的實驗，得到的結果也頗令人費解。除此之外，這本漫畫討論的動物都沒有相關研究。

而且又是出自浩德的研究團隊。

接下來交給你了，小巴。你做得非常好！

呵 呵

謝謝……

好的……

我在旁邊喝杯茶聽你說。

好啊好啊嘻 嘻……

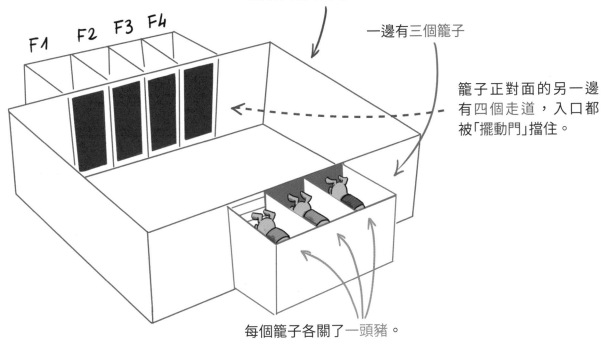

長方形的實驗場地

F1 F2 F3 F4

一邊有三個籠子

籠子正對面的另一邊
有四個走道，入口都
被「擺動門」擋住。

每個籠子各關了一頭豬。

為了簡化說明，這邊只解釋其中一個實驗情境。

右邊籠子裡關的那隻豬有被訓練
過，不論發生什麼事，牠只會走
進同一個走道。

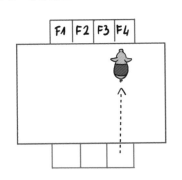

牠的籠子與外隔絕，看不到實驗
場地的情形。

太奸詐了！

左邊籠子關的豬，視線沒有被擋住，牠能看到實驗人員把食物藏進
哪個走道。中間的豬是「實驗組」，牠看不到實驗場地，但看得到左
右兩隻豬，所以知道左邊那隻看得到實驗場地，但另一隻不行。

問題很簡單：
籠門打開以後，「實驗組」小豬會尾隨誰？是看得到食物隱藏處的豬，還是一無所知的豬，還是誰也不跟？

在十隻受試豬裡，只有兩隻優先跟隨看到場地的豬。

三號小豬特別與眾不同：
科學家對牠做了不少次控制組實驗，所以可以確定，牠在決定是否跟隨別的豬之前，顯然會考量對方看不看得到實驗場地！

至於不會尾隨同伴的實驗組小豬，或許是出於幾個原因：

牠們的視力不良，所以優先走向位於角落、方位比較容易辨別的走道。

也可能是不想跟別的豬爭食，之類的。

目前沒有足夠的研究結果能判斷豬有沒有心智能力，但說到動物的心智世界，該研究絕對是令人驚奇的起頭。

「我不會怪別人犯錯，但我會要求他們為錯誤負責。」
——《侏儸紀公園》的約翰·哈蒙德

那麼，動物會不會把自己的知識投射到別人的處境，評估對方的成果會是如何、糾正對方的錯誤呢？

這有可能嗎？

要是我們想互相教導，這種能力就太有用了！

你要是跳著讀這本漫畫，現在可能也已經知道桌遊《京城之謎》（*Mystères de Pékin*）的兇手是小玲，不必買這套遊戲啦。

但你要是依序讀到現在，應該記得前面提過一件類似的事，也就是母雞有同理心，能把自己對危險情境的認知，用於解讀小雞的處境。

母雞能不能用這種能力指導小雞，把孩子撫養成堂堂正正的大雞呢？

131

說到怎樣算是真正的教學，我們認爲通常必須符合四項條件：

1. 教學者純粹是爲了指導無知的對象，才調整自己的行爲。

2. 教學者要付出一定代價，或至少沒有從教學行爲獲得個人利益。

3. 對學習者加以鼓勵或懲罰，並傳授經驗。

4. 比起獨自努力，學習者會更早或更快獲得某項知識技能（又或者如果沒人教導，他根本學不到這項知識技能）。

實驗時間重出江湖～～～～～～～

(久違啦！)

我們讓一隻母雞獨自學習：綠色種子可以吃，紅色種子不能吃（泡過苦味的溶液）。

小雞在另一個地方進食，有些會吃到跟媽媽一樣的種子，但有些卻恰好相反！

紅色：好吃～～／綠色：超噁——

接下來我們讓母子團圓，但中間用柵欄相隔。

小雞在媽媽的注目下先進食。

跟媽媽認知相同的小雞，會吃綠色種子。母雞看了很滿意，沒有意見。

現在，我們讓認知與母雞相反的小雞跟媽媽團聚。

133

母雞看到孩子狼吞虎嚥紅色的種子，一整個嚇呆。

老天爺，瞧瞧我生的傻孩子！

一等研究人員把小雞的飼料拿走，改餵食母雞，母雞就開始呼喚小雞來吃牠覺得安全可靠的那一色種子。

這是教導無誤！

這下母雞嗓門全開，發出一連串「食物呼叫」且不斷扒地，使出渾身解數吸引小雞注意，企圖把牠們從牠認為有害的種子引開。

母雞顯然會觀察小雞，拿小雞的行為和自身經驗作比較，察覺牠們犯了錯並想加以糾正！

小雞也會互相學習喔。

要是有隻小雞在吃下某一色的苦味種子之後全吐出來、一臉噁心，我們會看到，目睹這一幕的其他小雞也會拒吃那些種子，就算沒親口嚐過也一樣。即使過了24小時，旁觀的小雞依然不會碰那個顏色的種子！

「我會盯著你。」——警察

山羊能模仿不分物種、任何對象的行為，而且身段可說是既輕鬆又高明，有時還頗優雅的呢。

不過牠們比較相信親身經驗，而不是向社群成員學習，因為別人的意見，嗯……你也知道是怎麼回事。

簡單

早就跟你說過這不能吃了！

等著瞧

有研究觀察到，山羊會注意另一頭山羊的視線，藉此找到食物（這項研究的作者表示，根據他們觀察的結果，這跟靈長類很類似）。

不過山羊不會去注意人類。牠們根本不在乎人類的目光。

除此之外，與山羊相比，我們人類眼睛長的位置根本就是亂來，太不像話了。

矮額

納沃司做過一系列「瞪人山羊」的實驗，主要在英格蘭的金鳳花山羊庇護農場（Buttercup Sanctuary）進行，目的是想瞭解山羊能仿效人類到什麼地步，牠們又是否懂得人類的注意力是高還是低。

在其中一次實驗，研究人員跟山羊之間有一道柵欄相隔。

研究人員面前有一個可以滑動的托盤，上面放了一個杯子。

山羊看著研究人員用杯子蓋住一塊可食用的生麵糰。

30秒後，這個托盤會被推到山羊這一邊，讓牠能吃到獎賞。

在這30秒期間，研究人員會擺出幾種姿勢，顯示不同程度的注意力：

背對山羊

山羊？哪裡有山羊？

身體側坐，頭轉向山羊

什麼事？

身體跟頭都正對山羊，眼睛張開

只有為你，親愛的～

身體跟頭都正對山羊，眼睛閉上

只有為你哦，親愛的……

告訴我你在哪就好。

我們發現，比起背對山羊，實驗人員擺出「注意」的姿勢時，山羊有更多看似有所期待的行為。

要是研究人員背對山羊，牠會緊盯著研究人員，呈現「警告」狀態，像是在說：「喂，我在這裡！」

給人家嘛。

喂！我知道你知道我在這裡！

有時麵糰會藏在固定於地面的容器裡，山羊打不開，這時牠們也會根據研究人員表現的注意力高低，調整求助的方式。

比起人類背對牠們，山羊在人類正對牠們時，比較常輪流注視人類和容器、引人類與牠們做肢體互動！

吹口哨

好啊，你再繼續無視我啊。

這裡啦！阿呆！

要是行不通，牠們會想辦法自己解決。不過老實說，最好還是出手幫牠們吧，以免山羊搞出創意無限的解決辦法。

根據中國生肖，生於1979或1991年的人屬「羊」。至於山羊嘛，牠們全都是屬演員「羅禮士」（Chuck Norris）那型的狠角色。

山羊就像豬，當人類指向藏有食物的容器，牠們也能會意。

觀察其他對象、看出對方的錯誤、模仿人家
的好榜樣、偷拐搶騙，這些都很厲害啦……

可是動物要做到這些事，一定也要會精確辨識群體
中其他的成員，也就是要懂得分類，有點像那些能
分辨「流氓」跟「好人」同伴的小母豬。

除了動物辨識聲音和氣味的能力，我們也針對牠們的臉部辨識力做過大量研究，而且這裡提到的所有動物都是箇中高手。

或許只有豬除外，因為牠們的視力不太好。但別擔心，牠們的嗅覺能力大大彌補了這個缺憾！

喔喔……
是瑟巴斯欽來著。

山羊才不甩臉不臉的。

牠們光憑體態和氣味就能分辨熟識和陌生的山羊，不必看臉。

人家就這個性！

薇薇，你嘛幫幫忙，都這把年紀還玩捉迷藏。

有一項實驗讓山羊辨認頭部被布蒙住的其他山羊，大部分的受試山羊都輕鬆過關。

有些山羊才不甩實驗規則，直接探頭到布底下看那是誰。

鳴

潔西卡，不會吧，都這把年紀還裝鬼嚇人。

你作弊。

我就作弊。

前面說過，綿羊能辨認其他綿羊的表情，
此外牠們似乎也有能力辨認人類的表情。

可是，牠們究竟能不能光
看大頭照就準確認出誰是
誰呢？

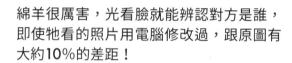

人類開心，但
綿羊不開心。

研究結果毫無疑義：可以！

綿羊很厲害，光看臉就能辨認對方是誰，
即使牠看的照片用電腦修改過，跟原圖有
大約10%的差距！

這是皮耶嘛！

此外，我們也發現牠們有個地方跟人
類有點像：牠們有特定的神經元，專
門記錄跟某一人相關的資訊。

你有一些神經專門記錄關於班傑明．
卡斯塔迪（Benjamin Castaldi）[30]的
資訊喔。很惱人，對吧？

30. 譯注：法國知名電視節目主持人。

這些神經會把辨識特定對象的眾多資訊集合起來，各式各樣都有（不同視角、氣味、聲音等）。

咩

更驚人的是，即使牠們跟某隻羊分開了兩年，當再度看到對方照片、聽見對方聲音時，那些儲存臉部資訊的神經還會活化！

兩年前被送進屠宰場的好潘妮……

我們也觀察到，綿羊要是預期在羊圈看到某個同伴，卻發現對方不在那裡，這些神經也會活化！

從這些跡象看來，綿羊或許能在腦海中生成其他綿羊的影像！

還有，綿羊輕輕鬆鬆就能記住 25 張其他綿羊的臉孔，長達大約 8 百天之久。

輕而易舉就辦到。

啪

只辨認一個同伴比較容易，辨認跟自己同品種的羊也是。

綿羊的記憶力就是這麼驚人。

我們也訓練過綿羊辨認一些名人（人類），很顯然，這也難不倒牠們。

這個嘛……李奧納多‧狄卡皮歐、娜塔莉波曼、瓦昆菲尼克斯

艾瑪‧華森應該很得意：綿羊每次都認得出是她，就算把她的頭轉個角度也沒有影響。

艾瑪

艾瑪

EMMA ♥ Fan club

我們讓綿羊看某人的正面大頭照，再讓牠看側面照辨認。

牠們要是看到一隻剛成年的綿羊還是羔羊時的照片，也認得出來。

總之強到不像話。

你小時候超可愛的！

不過，說到辨識他人的身分，我們絕不能略過牛不提。

如果說大自然是一間夜店，牛就是裡面過目不忘的面相師。

首先，研究人員想判斷牛能否辨別與自己同種和不同種的動物。

不論是哪個品種的牛的照片，牠們都能輕易辨認那也是牛，並偏好走向牠們唯一感興趣的對象：另一隻牛。

總之，牠們會按照「你是牛」／「你不是牛」來分類。

Y字型迷宮：一端擺了一張牛的照片（各品種都有），另一端擺了一張迷你馬、馬、綿羊或其他動物的照片。

迷你馬不是牠們的菜。大多數的牛根本不會靠近迷你馬的照片。可憐的孩子。

在這個實驗中，我們注意到比起其他品種的牛，荷斯坦牛（Prim'Holstein）格外受到同是荷斯坦牛的照片吸引。

所以很有可能，這種牛也會根據品種做分類。

要是給牛看一張同群同伴的照片、一張不同群陌生牛的照片，牠們很快就學會從中挑出同伴那一張。要牠們反過來挑出陌生而非同伴牛的照片，也不是難事。

這代表牠們很懂「跟ＸＸ相同」的概念，而且自動就會根據「熟悉／陌生」的標準來分類別的牛。

水牛背樹葉 ── 輕而易舉啦。

是不是很讚嘆呀？

很顯然，牠們也認得出個別的牛同伴！

如果我們給一頭牛看兩張照片：一張是牠的友伴，另一張是別的牛，那麼牠會自動走向友伴那一張。

牠的姿勢（尤其是耳朵的位置）似乎也顯示，牠知道照片跟真正的牛有什麼關聯！

比起另一頭牛的照片，牠會花多很多的時間探索友伴的照片、投以更多關注。

芙蘿，妳的新耳環不怎麼樣耶。

有趣的是，品種越不一樣，辨識起來越不容易。

如果牠們得用自己不習慣的臉部辨識標準來判斷照片，似乎就會變得困惑起來。

例如，對「有斑」的品種來說，牠們很可能就是憑斑點來迅速認出別的牛，但面對一隻單色的夏洛萊牛（Charolaise）就是完全是另一回事了，得改變辨識指標才行，例如要看眼睛、頭和口鼻部的形狀。

哇塞，這一題高難度哦！

在人類身上也看得到類似的效應。比起面對同族裔的人，要辨認其他族裔的面孔比較困難，因為這時顏面特徵有不同的標記。

總之，牛至少會根據以下幾種標準給其他動物分類：牛／不是牛、同品種／不同品種、熟悉／陌生、珍妮／不是珍妮。

同一時間，在維拉克魯斯（Veracruz）

一項針對肩峰牛的研究顯示，年輕肩峰牛能透過社會學習，學會吃更多種不同的植物（草、灌木叢、矮樹等）；牠們生活在土壤肥沃的熱帶牧場上，那裡的植物各有不同的生長速度。

我一定要強調，這項研究真的是在墨西哥維拉克魯斯做的。

我們也觀察到，家牛會向生活經驗比較豐富的牛進行社會學習。綿羊也會。山羊也會（但比較少啦，因為牠們就那副性子）。豬也會。還有雞也會，而在雞群中，占首領地位的雞，影響力又特別大。

總之，這些動物一直都在互相學習唷！

145

牛也能辨認人臉，但成績不如辨認
牛臉那麼好。

話說回來，人類又有什麼了不起，
是吧……

老實說，牠們可能覺得我們不特別
有趣。

對牠們來說，牠們自己的社會想必有
更多精彩有趣的事情。

因為，沒錯，牛的社會真的
很有事，超有事！

我們馬上就來一探究竟！

動物的社會

「拒絕接受社群概念的社群，是世界上最容易擺佈的社群。」
——《黑塔》（*The Dark Tower*），史蒂芬・金（Stephen King）

為了確定大家都跟上，這邊先複習一下：社會由個體組成，而
這些個體通常有鮮明的性格。

對社會動力來說，群體中有各種不
同的人是很重要的！每個人都能找
到合適的位置，以獨特的方式貢獻
一己之力！

例如

很重視**短期回饋**的人，通常比較喜歡探索未知、比較衝動，天
生傾向冒險犯難，比較喜歡鑽研特定某些事物。
這一型人的極致就是「**征服者**」。

威廉羊王
一世

比較重視**長期回饋**的人，通常沒那麼愛探索未知，行事比較謹
慎，比較容易學習新的行為並加以改善。
這一型人的極致就是「**發明家**」。

李奧納多・
達文咩

動物會遇到各種不同性格的同伴並
一起生活，性格也會受到生活環境險
阻、族群組成方式等因素影響。

性格有很多細微差異，不是
只有單單一種樣板。

這些因素都會以極其複雜的方式與社會
動力交互影響，有時就算是同一個物
種，也會形成大不同的社會組織！

所以我們要看的是「一般」的案例，但所有社會群
體的實際運作多少有差異，即使是相同物種、甚
至相同品種也不例外！

以山羊、豬和野生綿羊爲例，一般我們認爲牠們的社會是這麼組成
的：雌性群體帶著幼獸共同生活，成年雄性則各據一方獨自生活。

重點在於，一旦我們拿多個族群來做比較，會發現組成有很大的差
異：有純雄性群體、雌雄混居的群體，也有些群體的數量比我們預
期來得更多或更少，諸如此類。

有時這些其實是同屬一個更大型社群的子群體，會在重要時刻集結起來，例如要睡覺或保衛領域的時候。這是所謂的**「分裂－融合型」社會結構**，在山羊中很常見。

請求
加強支援

我們發現牛也有子群體，但整體來說，家畜群本來就可說是一個大家庭！

這本書提到的哺乳動物都沒有領域性，就算有固定的棲息地，也不會防範其他動物越界。

雞的作風就大不相同了。

牠們的社會是一夫多妻的結構，**而且**公雞有領域性。

殺氣騰騰的領域性。

但公雞不是無時無刻都這樣啦。這很複雜，晚點再回來講。別怕喔。

其實，你還是懂得害怕比較好。

動物如果在特定環境中演化……

雞在叢林中

豬在森林裡

牛在草原上

綿羊在丘陵

山羊在高山

就會對這些不同的環境產生絕佳的適應力，也韌性十足。

現今被人類馴化的動物品系，大部分的行為依然跟野生表親一樣。

趣味小知識1
世界上一直都還有野雞喔！

家雞很可能是從紅原雞（Red Junglefowl）演化來的。沒錯，牠的英文直譯是「叢林鳥」的意思！叢林之雞耶，而且你現在還是能在東南亞濃密的森林裡看到牠，就連新加坡這種都會地區都有！

法國的象徵物之一[30]，原來是來自亞洲的動物。

趣味小知識2
在蘇格蘭的奧克尼群島（Orkney），一些動物展現了驚人的環境適應力。

1970年末，奧克尼群島中的斯沃納島（Swona）居民全數遷離，把一群家牛遺棄在島上，共有8隻母牛和1隻公牛。今天這群牛還是在這個專屬於牠們的小島平靜度日，活得好好的，證明了家牛就算沒有人類也能自立更生！

至於這個群島中的北羅納德賽島（North Ronaldsay），有一群綿羊幾乎完全只在濱海地帶生活，還養成了特殊的體質，就算牠們幾乎只吃海帶也能存活！

這些動物社會都非常多元而複雜，所以我最初撰寫這個章節時，一一列舉出不同的物種，每次都深入探討特定群體詳細的生活史紀錄。

把這一章的字數搞到跟其他章節加總起來一樣多。

不過我後來得知，編輯看了以後決定雇人把我幹掉，所以最後我遵循「生命循環」（出生、青春期、成年）的節奏，涵蓋所有的動物。

30. 編注：指高盧雄雞（Le Coq gaulois）。

> 「我們在這裡待的時間不長，風險卻極高。所以拜託行行好，別浪費時間，也別增加風險。」
>
> ——《黑塔》，史蒂芬・金

前面說過，雞的社會結構跟有蹄類家畜很不一樣。

牠們的社會就像君王的後宮：一個雄性首領和一群母雞一起生活，此外首領會容許幾隻服從牠的公雞加入。首領公雞會在牠的領域內保護母雞的安全，這些領域的「中心」則是牠們棲息的樹叢。

沒錯，牠們是鳥類：雞會成群睡在樹上，而且這棵樹對牠們來說非常重要。

到了繁殖期，母雞要是覺得時候到了，就會呼喚首領公雞。

雞的
這是世界之樹。

首領公雞會放下巡守領域邊界的工作，前去護送母雞，並提議可供築巢的不同地點。

母雞會非常認真地檢查這些地點，然後下個決定。

這是3號場地

……很不錯，對吧？

我超喜歡！

母雞會在受保護的領域內分散築巢，盡可能相距越遠越好，可能是為了避免混淆彼此生的小雞。

小雞孵化後，母雞會呵護備至，就像我們在前面章節看過的例子。

要是有小雞病了，母雞會回巢用身子好好蓋住牠，通常還會發出輕柔的叫聲。

在澳洲西北島（Northwest Island，之後會再提到），有一群雞發生了一則小插曲，拿來說明什麼叫「**雞婆**」可謂再貼切不過。

咕嚕嚕　咕嚕嚕　咕嚕嚕

根據一群學者的報告，他們看到一隻年輕的母雞想帶小雞前往某個地方，途中被倒下的樹幹擋住了去路。

母雞要跳過樹幹不是問題，可是小雞太矮，跳不過去。

母雞來來回回好幾次，想催小雞跳過樹幹都不成功，最後只好放棄，不過牠最後特地跳回小雞那一邊，親自帶領牠們繞過樹幹！

順道一提，雞不是唯一會
築巢的農場動物唷！

還有誰也會築巢？
我們來閃電小考一下！

你們自己投票吧，
下好離手！

牛、山羊、綿羊，還是豬？

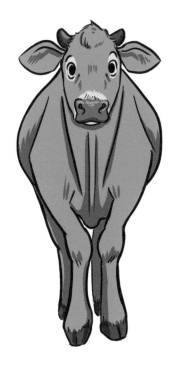

還有 10 秒……
9……8……7……人家等不及了！

會築巢的還有母豬！

母豬快生產時通常會離開豬群，找塊地面挖個淺坑。

然後用草鋪滿坑底，有時還會用小樹枝搭個圓頂把坑遮住，跟周遭更融為一體，保暖效果也很好！

不是隨便哪隻母豬都會築巢：

有能力築巢的母豬生產時間通常比較短、奶水比較豐沛，也比較懂得照顧豬仔。

總之，母豬是鳥。得證。

根據觀察，哺乳類動物寶寶，可以根據出生後的行為分為兩大類：

「隱藏者」會待在藏身處，「跟隨者」會馬上跟著媽媽到處走。

這裡我們再次發現個體的行為有很大差異，但大致能說**小雞**絕對是**跟隨者**，**小綿羊**大多是**跟隨者**，**小山羊**才**不甩分類**，會跟媽媽走也會躲起來，至於**小牛**則偏向**隱藏者**。

雌性通常會先離開所屬的社群，再找個地方生下牠的天使（或魔鬼）寶寶。

我們都知道，會生下哪種孩子要看運氣。

這段離群獨處的時間，對於建立母子關係非常重要。

經驗會大大影響媽媽育兒的能力。

初次生產的年輕雌性可能會不知如何是好，所以頭一胎幼獸夭折的情形並不罕見。

1996年在美國聖地牙哥動物園，學者觀察野生母雞時注意到，在28隻母雞裡，扶養小雞長大獨立的成功率達50%者，只有4隻母雞。

育雛有成的母雞，往往在社群裡擁有高階地位、比較年長，所以經驗比較老到。

有時母綿羊看到自己剛生下的小羊，還會嚇得驚慌失措。

馬麻？

還好牠們從沒看過新生的人類，畢竟真要論恐怖指數，小羊根本看不見嬰兒的車尾燈。

同一胎出生的哺乳類幼獸，往往會建立強烈而持久的情感連結，幼獸與母獸也是。

有時這種情感會持續終生，而且主要在雌性之間（80％的母野豬會一輩子交好，但偶爾也有公野豬彼此建立起長遠的友誼，公豬跟母豬也有可能！）

有蹄動物的社會，可能就是靠強烈的雌性情誼維繫的。

來個跟主題完全無關的趣味知識

2004年，英國國家廣播公司（BBC）報導，英格蘭小村莊馬斯登（Marsden）發生了令人困惑的的神秘事件。

有一群綿羊好好地活在羊圈裡，唯一美中不足的是，農夫在地上裝了「防畜隔柵」以防牠們逃跑，這種裝置通常十分有效。

卡住的綿羊

好詐欺你！

防畜隔柵

某個風和日麗的早上，那些綿羊竟然四散在村裡的板球場、墓園和公園啃草皮，居民看了一整個傻眼。

這下犯行曝光了，不過綿羊的反應就跟山羊表親一樣：一點也不在乎。

可是牠們究竟是怎麼逃出羊圈的？

後來有人突襲檢查，目擊了正在逃脫的綿羊，謎底終於揭曉……原來牠們是用滾的通過防畜隔柵！

滾呀　　滾

這本漫畫提到的所有動物，母獸通常都要獨力養育幼獸，不過牠們可是全心全力犧牲奉獻！

這樣也好，因為媽媽對孩子的未來發展有深遠的影響！

在1998年發表的一項分四年進行的研究中，學者注意到，如果母牛是在棲息地和植被都豐富多變、腹地寬廣的地區（美國的鋸齒國家森林）哺育小牛，那麼小牛成年後被施放回相同地區，往往仍保有跟母牛相同的偏好！

別忘了，這些偏好會隨動物所屬的社群和環境略有不同。

這種親子影響之強烈，要是把威爾斯山綿羊的小羊交給克倫森林羊的母羊撫養，我們光是觀察小羊的飲食習慣，就能推測出養母的品種喔！

更扯的是：
要是把小公山羊交給母綿羊撫養，等牠長成一隻雄壯威武的成年公山羊，即使有一票母山羊追著牠跑，牠還是只想追求母綿羊！

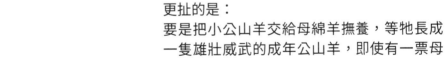

歐買尬，真的有夠扯。

小綿羊和小山羊很快就會受到其他小夥伴的吸引，這也是爲何牠們會集結成成自行運作的「托兒所」，也就是有如「過動兒童夏令營」的小兒幫派組織，成天混在一起不幹別的，就是吵吵鬧鬧！

玩耍是幼獸不可或缺的活動。

直到今天，我們還是不太清楚玩耍對動物有什麼用處（但我們當然可以體會愛玩的心情）。

有人提出一些假說：
爲將來的社會關係做準備、
爲成年後要面對的挑戰鍛鍊肌肉、
消耗過剩的能量，等等。

這幾種原因同時成立也說不定。

遊戲能分爲三大類：

獨自進行：
運動遊戲，蹦蹦跳跳、兜圈子跑！

團體進行：
我們來打架！一起賽跑吧！

玩玩具：
來打球吧！

小雞會排成一列瘋狂奔跑，除此之外，雛雞玩遊戲的相關紀錄非常少，哺乳動物就多多了。

小山羊的遊戲主要是蹦蹦跳跳、把身體往各種角度扭來扭去，有點像嗑了藥的妙妙圈彈簧（我們懷疑藥頭一定是綿羊）。

要是有種動物，一輩子要花不少時間在陡峭的岩壁上，或是在扎人的灌木叢間漫步，有時還要站到樹上，牠們的幼獸一定要懂得靈動自如！

山羊已經適應了崎嶇險峻的山區，所以需要大量的身體和心理活動。牠們喜歡在高處休息，不過遇到惡劣天氣也不排斥躲進小山洞。

有些著名的山洞就是靠山羊發現的，例如法國阿德什省（Ardèche）的瑪德蓮山洞（Grotte de la Madeleine）！

至於豬，小公豬超喜歡打來打去！牠們模仿成豬儀式化的打鬥行為，用臉頰互相拱來拱去、想辦法把對手推倒！我們也觀察到母豬會跟小豬玩，成年的母豬也會玩在一起。

豬也非常好動，牠們掘地的動作，更是比乍看之下來得複雜多變。

2019年的一些研究顯示，豬掘地不只是爲了覓食，因爲就算是被餵得飽飽的，幼豬和成豬還是保留了翻弄、咬嚼、尋找、挖掘等行爲，這對牠們來說就是不可或缺。

小牛玩起遊戲也有很多花招，牠們喜歡四處蹦蹦跳跳，也喜歡打來打去或爬到對方身上。就算面對不同種的動物也毫不遲疑

還有人曾目睹一隻小肩峰牛跟一隻人類馴養的羚羊打打鬧鬧，看起來玩得超級盡興！

關係顯然就在玩鬧之間變親密了。

動物表現親密關係的方式有很多。例如，豬常會互碰鼻子，牛會互舔脖子。被舔的牛會覺得愉快放鬆，有時還會要求友伴多舔牠幾下！

這種社交性的舔舐，跟靈長類的理毛行爲十分類似。

1975～1979年間，萊因哈特（Reinhardt）這對學者夫妻檔仔細觀察了一群肯亞肩峰牛的社會互動，結果發現每隻母肩峰牛都有一個死黨！

在「社會互舔」方面，吉拉也受到娜娜幾乎全副的關愛，雖然娜娜在1977年曾一時用情不專，舔過海嘉幾下。

不過我們絕對不會說出去。

保證封口。「在賭城發生過的一切……」

牛有時會為不同的活動找不同的朋友為伴！同一隻牛可能比較喜歡跟某個朋友進食，又比較喜歡跟另一隻一起休息！

例如，娜娜在這四年間都只跟吉拉一起吃草，不會跟別的母肩峰牛一起覓食。

有些肩峰牛有好幾個朋友。

觀察芳妮的舔舔行為可以得知她跟琳娜特很親，不過芳妮也很喜歡黛西，雖然不到喜歡琳娜特的程度。琳娜特是她死黨，黛西只是普通朋友。

我們之後會再回頭看這群肩峰牛。

163

幼年是小動物發展的關鍵期。

牠們在這段期間受到的大量社會和環境刺激，有助於養成成年後適當的求生本領。

幼獸要是被迫與社群分離，並且／或是生活在欠缺刺激的環境，認知和社交能力會大受影響。

小牛在出生後馬上被帶離母親身邊，就學不會適當應對其他牛隻的行為。

要是有隻成牛威嚇牠，這些小牛不懂得擺出服從姿態，反倒會走上前去，因為牠看到的最後一隻成牛就是母親，所以對成牛充滿好感。

動物要是欠缺社會經驗，往往也比較難評估其他動物的力量。

在正常狀況下，動物的敵意對峙多半不必真正打鬥就會很快化解，但遇上不懂社交的動物，衝突往往會加劇。

這是在畜牧環境成長的幼獸會鬥得很凶的原因之一，要是牠們被轉移圈養地、根據體重和年紀重新合併成群（養豬戶常這麼做），這種狀況又會更嚴重，因為這會徹底破壞原本的社會組織。

小動物幼年期的生活經驗越豐富，成年後健全生活的機率就越高。

熟知社交訊號，能幫助牠們正確融入社會的階級結構。

話又說回來，什麼是動物社會的階級結構呢？

> 「我對國王的信任程度，就像我相信自己抬得動他癡肥的祖父一樣高！國王就跟會亂吃長褲的山羊一樣討厭！」
>
> ——《黑塔》，史蒂芬·金

母雞準備再生一窩黃毛小寶寶的時候，也會給小雞「斷奶」（基本上就是動用武力把小雞趕出巢）。

同一窩兄弟姐妹會繼續群聚生活，先在從小長大的地方附近，然後才逐漸分散，加入自己後來的新家族。

就像前面說過的，公雞和母雞會十幾隻一起集體生活，有如一夫多妻的君王後宮。

雞群以有領域性的首領公雞為中心，母雞環繞在牠身邊，這些母雞也有地位高低之分，

這尤其事關誰有資格**洗沙浴**（母雞生活中的頭等大事）、吃最上等的食物，也就是會決定**啄食順序**。

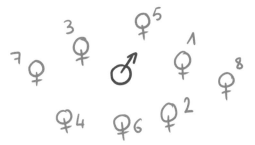

公雞也分很多不同階級：

有些是稱霸領域的首領雞。

有些公雞服從並協助首領雞，同時也盼著首領蒙主寵召。

另一些公雞在首領雞的領域內還是有自己的迷你領域，占有專屬的棲息樹。

我知道你在肖想什麼。

早知如此，當初或許不該選在你正下方棲息。

還有一些公雞在各個雞群間遊走……

好像這還不夠複雜，各個**雞群之間也有階級**高下之分。

首領雞在繁殖期間會防守自己的領域，不讓其他雞群的首領入侵。

繁殖期以外的時間，各個雞群會在棲息樹叢的周圍活動，但活動區域會互相重疊，公雞也不會防守邊界。

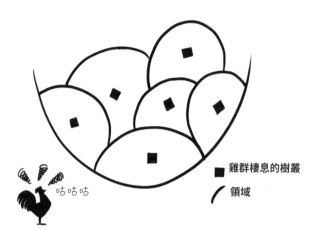

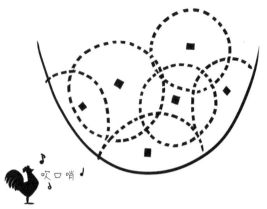

咕咕咕

■ 雞群棲息的樹叢

／ 領域

吹口哨♪

首領雞和牠主要的母雞伴侶，是這些小社群的中心。

例如，雞群如果走出樹叢，即將進入平原，首領雞常會來到高處，花點時間觀察周遭環境，

然後發出一種大致代表「安啦」的叫聲。
接著牠走進平原，整個雞群尾隨在後。

前進！前進！

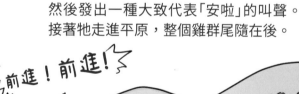

你還是要帶頭啊。

各個雞群間的關係有時極度錯綜複雜，要是喬治‧馬丁（George R. R. Martin）[31] 的作品受到雞很大的啟發，我不會意外。

31. 譯注：冰與火之歌的作者。

這裡就有個在澳洲西北島觀察到的例子。粗體字是各領域首領雞的名字。

起初，**黃脖子**占領那整片區域，但自從牠死後，那一帶就展開了一場……權力的遊戲！

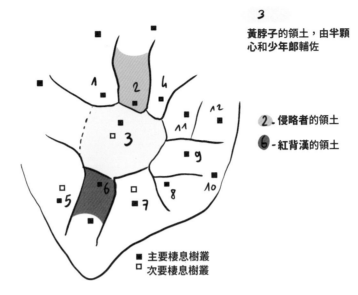

黃脖子過世前的局勢

3
黃脖子的領土，由**半顆心**和**少年郎**輔佐

2 - **侵略者**的領土

6 - **紅背漢**的領土

■ 主要棲息樹叢
□ 次要棲息樹叢

六星期後，到了十月，公雞**半顆心**不幸身亡，**紅背漢**取而帶之，並棲息在從前屬於**半顆心**（**黃脖子**的副手）的樹枝上。

黃脖子生前主要的棲息處仍由**少年郎**使用，牠也在**紅背漢**之下占有一塊次要領域。

所以原本屬於**黃脖子**的領域，現在由**紅背漢**和**少年郎**瓜分。

因為主要的進食區在**少年郎**棲息的那棵樹附近（也就是說，**紅背漢**的母雞發現一個舒服角落，決定在那裡吃東西），**紅背漢**在原本由**黃脖子**占領的區域建立了全面統治地位，並開始防範**侵略者**入境。

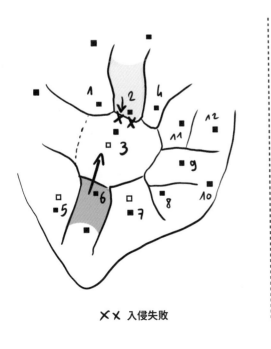

✕✕ 入侵失敗

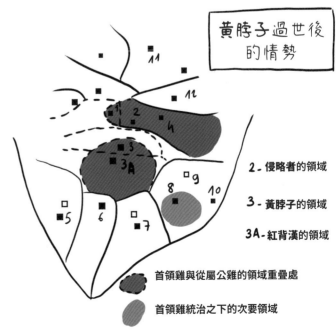

黃脖子過世後的情勢

2 - **侵略者**的領域

3 - **黃脖子**的領域

3A - **紅背漢**的領域

首領雞與從屬公雞的領域重疊處

首領雞統治之下的次要領域

想也知道，一旦有人開始
競爭，衝突也就不遠了！

為了避免受重傷，動物的打鬥其實
高度儀式化了，基本上是雄性在繁
殖期間才會出現的行為。

另一方面，與人衝突既傷身
又傷心。

（傳簡訊「情詩」到 3642，就能收到一
首幫你示愛的詩。每分鐘 235.99 歐元。）

在自由生活的情況下，這本漫畫提到的動物
大多生性溫和，因為草食動物不會有太多需
要競爭的情境，所以牠們基本上很好相處。

或許只有不是草食動物的公雞比較例外點。

可是我超愛吃
生菜沙拉喔。

奇怪的是，動物如果長了角，攻擊行
為反倒大幅減少，尤其是牛。

這可能類似擁有核武是為了威嚇而非
動用，只不過牛把核武換成尖角。

加百列・希諾（Gabriele Schino）在1998
年發表的一篇論文揭露，山羊在打鬥過後會
出現和解的行為！

對不起，
是我的錯。

哪裡，
是我不好。

我們一開始說過，山羊的社會比較偏向「分裂－融合型」。

也就是多個不同的小社群（每一群通常屬於同一家族）在同一片領域上散居，但會在共同的休息或掩蔽處聚集。

由同一家山羊組成的「子群體」通常包含兩、三隻母羊和牠們的小羊。

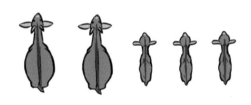

在蘇格蘭拉姆島（Rùm）上，學者長期觀察多個野化山羊的羊群（每群有十幾隻），發現這些社群會隨地理環境起很大變化。

有時一群羊只剩4隻成員，有時牠們又會集結成超過300隻的大羊群，就像在澳洲一樣！

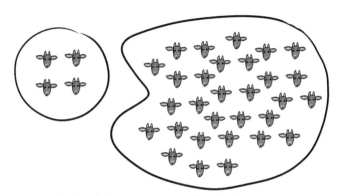

初來乍到某個地區的山羊，通常會歸順已經在當地生活的母羊。

但也未必如此。

牠們可是山羊呀。

1994年，有些學者想瞭解，要是把陌生的山羊施放進羊群，原本羊群裡的山羊會有什麼反應。

所有被施放進既有群體的新山羊，幾乎都馬上歸順裡面的母羊，只有「6號」新羊除外。每次只要有羊威嚇牠，牠都馬上兇回去！

小老弟，我愛往哪伸蹄子就往哪伸……最愛賞別人臉上一蹄子啦！

學者針對拉姆島山羊的社會網絡做了大量研究。

有時他們爲一群山羊取了人類的名字，卻爲另一群山羊依城市命名。

有沒有讓你想起什麼呢？

就山羊版《紙房子》[32]啊！

如果這部西班牙影集的靈感來自拉姆島山羊的社會互動，那麼接下來這一段就在爆第四季的雷了：

 小心有雷

> 里約跟東京的交情是很好，但實際上，里約最密切往來的對象是北京！

至於豬群的數量通常在10隻上下，但還是一樣……實際上可以有很大變化！

豬的社會有一定程度的分工合作。

近年的研究發現，成年公豬與小豬比較常擔任「覓食者」，母豬群通常隨後才會來到有食物的區域。

媽媽！
快來看！
我找到
一塊松露！

在牛群裡，牠們奉行「敬老制」。

最年長的牛可以優先吃最好的食物、睡最舒服的地方。

對牛來說，力量和體重跟社會位階高低無關。所以說，雖然我們通常以爲動物社會是靠打鬥能力決高下（其實很多動物都不是這樣），不過牛的社會是依照「傳統」運作。

32. 譯注：Casa de Papel 是西班牙知名犯罪影集，這邊是拿 capra（山羊屬）跟 casa 玩雙關。

「**長者**」在動物社會中通常居於重要地位，因為不論是透過**社會學習**或**親身經歷**，牠們的知識往往最爲豐富。

2018年和2019年，有一些研究觀察了**重新引入**美國山區的**摩弗倫羊群**（Mouflons），結果發現，新引入山區的羊群很少遷移且對新環境適應不良，反觀一直生活在山區裡的摩弗倫羊群把知識代代相傳，所以知道廣闊而複雜的遷移路線。

很不可思議，是吧？

綿羊的社會跟牛一樣（山羊也不無相似，但牠們基本上很獨來獨往），牠們的領袖未必是體型最具優勢的個體，而是**最有經驗和影響力**的那些羊！

說到領導，牛跟肩峰牛大致相同，所以這裡姑且把牠們視為同一類動物來探討。但也別忘了，我們也在山羊和綿羊身上看過跟牛類似的行為。

牛通常集結成單一的大群體生活，每群大約在 10～20 隻之間。有時一群牛會包含幾個子群體，所有的牛彼此都有一定程度的「朋友／敵人」關係。

有些牛會兩兩建立緊密的關係，有些牛的人脈特別通達，在社群中居於比較「中心」的地位。

那通常是比較年長、跟大家都很熟的母牛，而且牠們未必處於「高階」社會地位。

我們回頭來看肯亞肩峰牛，就是**吉拉跟娜娜**所屬的那一群，或者也可以說是**艾瑪或羅薇莎**那一群，看你想說的是最主要的「領袖」或「社會地位」最高的那頭牛而定。

這個牛群由30隻母牛和1隻公牛組成，在阿西河（Athi）平原上半自由放養。

牠們每天早上從牧場離開，晚上又自行返回，除此之外農夫幾乎跟牠們毫無接觸。

牠們移動時最常見的隊形是像下面這樣：

年長的牛走在前面，

年幼的牛跟那隻公牛殿後。

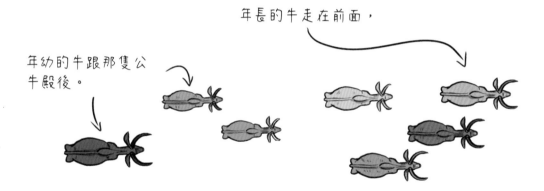

每天早上，**艾瑪**帶領牛群外出吃草。
晚上，**朵拉**帶牛群回家。

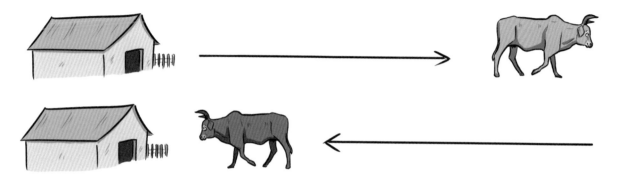

肩峰牛就像家牛，由特定牛隻負責記憶做哪件事要走哪個路線，但這些牛只記得自己負責的路線，其他就不知道了（或比較不清楚）。

有天早上牠們要離開農場時，研究人員把**艾瑪**關在牧場，觀察牛群有何反應。

牛群平靜地走出圈養處，接著就停步不前。有些牛一屁股坐下來等著出發。

她在幹嘛啊？

我有點擔心欸。

經過有點不知所措的15分鐘，**朵拉**和**莫妮卡**終於決定帶領牛群去草原，但態度有點猶豫，一路上也走走停停。

艾瑪一被釋放，馬上小跑步追上遠方的牛群，並且超越全體、重回領頭位置。這下大家全鬆了一口氣！

嗯，我們還是走吧……

好吧……我也覺得。

如果**朵拉**（晚上的領頭牛）或**羅薇莎**（社會地位最高）在早上圍欄打開時被留在牧場：

對牛群的行動毫無影響，**艾瑪**會帶領其他的牛出發，牠一點也不擔心那兩隻牛留在後頭。

日子總要過下去。

朵　拉：約 15 歲，社會地位相當高。

羅薇莎：14 歲，社會地位最高。

艾　瑪：約 9 歲，社會地位居中。

基本上，艾瑪的領導力源於她在雌牛群裡的超高人氣！
在這群牛遊團裡，她還是有些影響力的。

那隻公牛7歲，也是牛群中體型最強壯的，但從沒當過牛群首領。

除非牛群遇上另一群陌生的牛，牠才會走到前方，迎面而來那群牛的公牛也是一樣。這下牠站到前鋒，威嚇那隻靠得太近的對手。

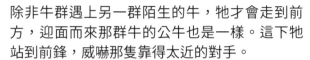

一旦牛群止步不前，兩隻公牛就會做出壯觀的恫嚇姿態：用角刨地、互相咆哮，而在這個時候……

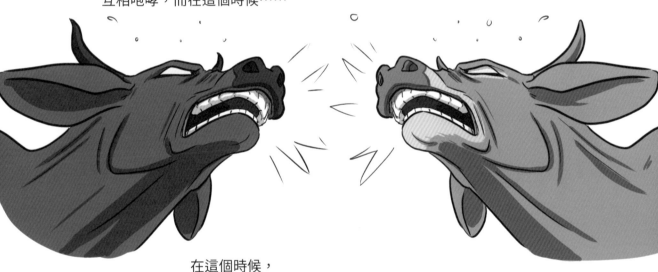

在這個時候，
兩群牛的領袖會各自帶同伴平靜地上路，
把兩隻槓上的公牛撇在後頭較量肌肉。

所以不同的牛群不會混合交換成員，牛要是與自己的社群分離（被轉換牧場、重組成新的牛群、有牛隻死亡），社會互動往往大受影響，如果那隻離開的牛在牛群中居重要地位，打擊更為嚴重。

我們講到公牛也是因為
總有那麼一天…

你知道嘛……

就血脈賁張、墜入愛河啊、
光溜溜的小天使、體液交
換……

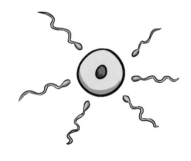

然後就得……製
造小寶寶了！

母雞非常挑剔，會嚴格審視是否該接受或拒絕公雞求偶，像是牠們提供食物或保
護安全的能力（要是有追求者想霸王硬上弓，母雞會叫首領雞來打得那隻公雞滿
地找牙#合意很重要）。哺乳動物的情形也差不多。

哺乳動物的雄性通常在特定時期
加入雌性群體，實際情況則依很
多變數而定。

這依舊是很複雜的。

我們不確定是雄性誘發了雌性的發情期，又或
者是雌性發出一股氣息強烈宣告：「萊昂，現
在就在拖拉機的引擎蓋上上了我吧」，把牠吸
引過來。

雌性通常對於要接受哪隻雄性享有主導權。

母綿羊會有比較中意的公羊（就像公綿羊也有比較心儀的母羊）。

科學家發現，要是在母羊發情時讓牠們看一張母羊、一張公羊的大頭照，母羊原本（未發情時）對母羊的偏好消失了，反過來對公羊愛慕有加。

有些公羊顯然魅力超群，教母羊為之瘋狂……

……就母綿羊的尺度來衡量算是瘋狂啦，畢竟牠們生性非常溫和。

母羊向公羊示好的方式，是一動也不動地站在公羊附近，有時會輕搖兩下尾巴，好像在說：

那個……尼可拉……
我喜歡你。

母牛跟母山羊進入調情模式就比較「入戲」了：牠們會組成花騷女子幫派，集體出動獵捕雄性。

177

要是母山羊嫌公羊不夠「積極熱情」，

我在作夢嗎，他竟然不甩我？

牠們會互相騎到對方身上演出活春宮，刺激公羊。

而且這招相當有效。

喔！yes♪

母山羊的性行為講白了，就是憑一頭動物之力，集成人網站最糟糕的類別於大成。

這部分應該算 18 禁吧，還是……50 禁呢？其實我接下來要說的根本不該公諸於世。

可是我還是要說。

這下你不能說我們沒事先警告囉。

呃……

我要說的是克里斯·山克（Chris Shank）在 1972 年觀察的一群野化山羊。

牠們很……令人不安。

你要叫我畫什麼？給我注意一點。

在「前戲」階段，裂唇嗅（flehment）[34] 成了牠們不可或缺的法寶，因為這時有些嗅覺訊息是藉由……尿液來傳遞。

我就知道！

34. 編注：這個反應可見於有蹄類動物、貓科動物及其他哺乳類動物。簡單來說，牠們會翻起上唇，以利訊息素與其他氣味傳遞至犁鼻器。

在這有點混亂的時期，母羊會大量排尿，公羊則直接把尿含在嘴裡，品嚐裡面的費洛蒙。

咕嚕
咕嚕
咕嚕

還有別的，但不太方便在這裡明說……
如果你懂我的意思。

這樣最好。

現在要棄筆還不算太晚哦。

就是這樣！

我不畫了。

有時山克還觀察到公羊伸長陰莖，滑進自己嘴裡。

不要！

我才不畫這個！

接下來，山克又描述了他稱爲「集體性交」的事件。

我還要發出家長警告！

好好好，幫你畫。拿去！

「集體性交一開始，通常是一隻公羊騎上母羊交配，引來附近大群公羊的注意。這時公羊守不住身下的母羊了，一連串交配競賽就此展開。母羊一停止交配，馬上被一群公羊圍繞，牠們會重複騎到牠身上。整群公羊馬上變得非常興奮，好幾隻公羊還想同時騎到母羊身上不同的地方，甚至有另一些公羊想騎到那些公羊身上！每次有哪隻公羊想騎到母羊身上，都會被擠開，即使比較強壯的公羊也一樣。社會位階的規矩被拋到腦後，我們可以看到瘦小的公羊騎到體型比牠大的羊身上，體型相差很遠的公羊也會打成一團（作者按：這在別的時候通常不會發生）。牠們不再那麼注意迴避天然危險，一整群公羊甚至會集體滾下小山坡。集體性交可以持續一小時之久。」

我警告過你們了。

「下葬要不了多少時間。比起他的心，他的遺體小得多了。」

——《黑塔》，史蒂芬・金

不提死亡，我們就不能為生命循環畫下句點。

說實在的，光是在人類身上，這就是十分難以理解的現象。

悼喪的行為就會隨各人性格、所屬社會文化、我們與死者的關係而有極大差異。

在2017年一篇以猯豬（家豬的表親）為題的論文中，丹堤・德寇特（Dante de Kort）和他的研究團隊表示，他們觀察到一個令人不忍的現象：

就我所知，至今沒有任何科學論文研究農場動物怎麼面對同伴的死亡。

關於其他動物，現在我們唯一能做的是觀察存活的動物有何反應、牠們的行為和生理狀態出現什麼變化，並且根據牠們與死亡的動物可能有何社交關係來推敲。

在一個由5隻野生猯豬組成的群體中，有兩隻豬堅決不願拋下一隻同伴的遺體！

那隻獱豬死後（可能是因為衰老或疾病），他們看到兩隻獱豬經常出現在牠的屍體附近，想拱牠再站起來，還不讓郊狼靠近。

到了晚上，牠們貼著屍體睡覺。雖然那個豬群在亞利桑那州普雷斯科特市（Prescott）附近生活，但這兩隻獱豬在這段期間離開豬群，在附近海拔較高的丘陵地出沒。

過了10天，4隻郊狼終於突破兩隻獱豬的防線。從這天起，兩隻獱豬才放棄同伴的屍體離開。

這篇論文的作者將這個現象與我們在人類、黑猩猩、大象和鯨魚身上看到的反應相提並論。

這不是在暗示所有的動物都會悼喪。就算牠們會，各個物種，甚至是個別動物的方式也絕對很不一樣。

在動物庇護所和獸醫院，也有人觀察到農場動物在同伴死亡時行為大變。

說實在的，我們要是回想一下社交連結對動物的社會有多麼重要，這些觀察應該不令人意外。

致 謝

再次感謝你讀了這本書，忍受我講的笑話。感謝才華洋溢、每次讀文檔永遠讀錯地方的萊拉（戳戳:D）。感謝我的伴侶Mathilde堅定的支持、即使完全不想還是幫我讀稿。感謝我的父母（媽媽，謝謝妳幫我讀稿！）

感謝Lucille Bellegarde博士的審稿、建議，以及在本書撰寫過程中的有問必答。感謝Christian Naworth博士回答我的問題。感謝Doris Gomez博士、Jerry Jacobs博士幫我瞭解家牛以及色彩視覺。感謝好心的Elodie Briefer博士把研究與實驗結果寄來與我分享。

感謝Maëva Filippi和Wendy Gobin的讀稿和校對。感謝Céline le Lamer對我的信任。感謝Laurence Auger提議做這本書。

最後感謝La Plage出版社全體工作人員在我創作本書期間的協助 :D

感謝讓這本書得以問世的所有人的一切幫助。

感謝Sébastien Moro對我的信任、在本書繪製期間與我共度的時刻，以及他努力認真的成果。感謝La Plage出版社賦予我完全的創作自由。

感謝Mila的支持鼓勵，謝謝她當我的女兒。感謝Etienne讀稿並給予寶貴的意見。感謝Pierre的意見和支持。

感謝那些在「真實人生」和其他地方陪伴我的人。感謝尾田榮一郎老師透過他的作品再度燃起我的熱情。

感謝Minuee和Seitan的呼嚕呼嚕叫。

感謝在這本漫畫出現的動物。

感謝各位讀者。

本書所有參考資料研究報告，
請掃這個 QR Code 查看！

國家圖書館出版品預行編目 (CIP) 資料

別鬧了，動物大人！牛羊雞豬不只是盤中物，農場大
　腦比你想的更機智，鮮活呈現動物情感認知與社
　會行為的科普漫畫 / 瑟巴斯欽．莫羅 (Sébastien
　Moro) 作；萊拉．貝納比 (Layla Benabid) 繪；林
　凱雄譯 .-- 初版 .-- 臺北市：積木文化出版：英屬
　蓋曼群島商家庭傳媒股份有限公司城邦分公司發
　行 , 2022.09
　面；　公分
　譯自 : Les cerveaux de la ferme : au cœur des
　　émotions et des perceptions animales
　ISBN 978-986-459-437-5(平裝)

1.CST: 動物行為 2.CST: 動物心理學 3.CST: 漫畫

383.7　　　　　　　　　　　　　　　111011568

別鬧了，動物大人！

牛羊雞豬不只是盤中物，農場大腦比你想的更機智，鮮活呈現動物情感認知與社會行為的科普漫畫

原　書　名　Les cerveaux de la ferme: Au cœur des émotions et des perceptions
　　　　　　animales
作　　　者　瑟巴斯欽．莫羅（Sébastien Moro）
繪　　　者　萊拉．貝納比（Layla Benabid）
譯　　　者　林凱雄

總　編　輯　王秀婷
責　任　編　輯　郭羽漫
行　銷　業　務　黃明雪
版　　　權　徐昉驊

發　行　人　凃玉雲
出　　　版　積木文化
　　　　　　104 台北市民生東路二段 141 號 5 樓
　　　　　　電話：(02) 2500-7696　　傳眞：(02) 2500-1953
　　　　　　官方部落格：http://cubepress.com.tw/
　　　　　　讀者服務信箱：service_cube@hmg.com.tw
發　　　行　英屬蓋曼群島商家庭傳媒股份有限公司城邦分公司
　　　　　　台北市民生東路二段 141 號 11 樓
　　　　　　讀者服務專線：(02)25007718-9　24 小時傳眞專線：(02)25001990-1
　　　　　　服務時間：週一至週五上午 09:30-12:00、下午 13:30-17:00
　　　　　　郵撥：19863813　戶名：書虫股份有限公司
　　　　　　網站：城邦讀書花園　網址：www.cite.com.tw
香 港 發 行 所　城邦（香港）出版集團有限公司
　　　　　　香港灣仔駱克道 193 號東超商業中心 1 樓
　　　　　　電話：852-25086231　　傳眞：852-25789337
　　　　　　電子信箱：hkcite@biznetvigator.com
馬 新 發 行 所　城邦（馬新）出版集團 Cite (M) Sdn Bhd
　　　　　　41, Jalan Radin Anum, Bandar Baru Sri Petaling,
　　　　　　57000 Kuala Lumpur, Malaysia.
　　　　　　電話：603-90578822　　傳眞：603-90576622
　　　　　　email: cite@cite.com.my

內　頁　排　版　PURE
製　版　印　刷　上晴彩色印刷製版有限公司

【印刷版】
2022 年 9 月 15 日 初版一刷
售價／ 630 元
ISBN 978-986-459-437-5

【電子版】
2022 年 9 月
ISBN 978-986-459-436-8（EPUB）